U0338329

辽宁省博士科研启动基金项目(201501070)资助
辽宁省教育厅科学研究一般项目(L2015451)资助

温带森林凋落物和土壤有机碳稳定性
对大气氮沉降等因素的响应

吴娜娜　唐　婧　王宇思　著

中国矿业大学出版社

图书在版编目(CIP)数据

温带森林凋落物和土壤有机碳稳定性对大气氮沉降等
因素的响应 / 吴娜娜,唐婧,王宇思著. —徐州：中国
矿业大学出版社，2018.7

ISBN 978-7-5646-4034-7

Ⅰ.①温… Ⅱ.①吴…②唐…③王… Ⅲ.①温带林－森
林生态系统－研究 Ⅳ.①S718.54

中国版本图书馆 CIP 数据核字(2018)第 160718 号

书　　名	温带森林凋落物和土壤有机碳稳定性对大气
	氮沉降等因素的响应
著　　者	吴娜娜　唐　婧　王宇思
责任编辑	李　敬
出版发行	中国矿业大学出版社有限责任公司
	(江苏省徐州市解放南路　邮编 221008)
营销热线	(0516)83885307　83884995
出版服务	(0516)83883937　83884920
网　　址	http://www.cumtp.com　E-mail:cumtpvip@cumtp.com
印　　刷	徐州中矿大印发科技有限公司
开　　本	880×1230　1/32　印张 3.75　字数 101 千字
版次印次	2018 年 7 月第 1 版　2018 年 7 月第 1 次印刷
定　　价	22.50 元

(图书出现印装质量问题,本社负责调换)

前　　言

　　氮沉降的升高有可能增加凋落物和土壤中碳存储量（carbon storage），主要是由于氮素对木质素类等难降解成分分解酶活性有抑制作用，然而，目前有关森林覆盖层和土壤对氮添加响应的报道显示出并不一致的结论。在本书中，介绍了对中国长白山阔叶红松林林地施氮处理 6 年，施氮量为背景条件下增加 50 kgN/（hm² · a）的森林覆盖层和土壤矿质层中有机碳和氮以及木质素酚类（lignin phenols）和次级脂肪酸（$\sum$SFA）的调查研究。结果显示，在调查的四个层位中，总碳并未受到氮添加的影响［凋落物层（forest floor litter），$P=0.157$；降解凋落物层（degraded litter），$P=0.212$；O 层（O-horizon），$P=0.170$；土壤矿质层（mineral soil），$P=0.198$］，同时，总氮也并未呈现出显著的变化。但是在降解凋落物层（$P=0.100$）和矿质层（$P=0.118$），木质素酚类的浓度有增加的趋势，约 5％～16％；在凋落物层（$P=0.550$）和 O 层（$P=0.933$）并未观察到显著变化。同时，在森林覆盖层和土壤层，表征木质素降解程度的参数没有受到氮添加作用的连续性影响，但在降解凋落物层 Ac/Al$_V$ 有显著下降的趋势。可萃取的次级脂肪酸的浓度在 O 层呈现出显著性增加的现象，增加约 16％（$P=0.041$）。在凋落物和土壤层，木质素分子动力学主要受微生物分解、转移和吸附动力学的影响，氮添加所起到的作用并未得到相关的证实。该研究结果与现有的部分研究结果一致，即整体来说，短期的氮添加不足以引起凋落物和土壤化学特性中的碳氮的改变，但木质素酚类和次级脂肪酸的响应可能与抑制微生物分解的相关过程有关。

温带森林凋落物和土壤有机碳稳定性对大气氮沉降等因素的响应

凋落物的分解过程受气候条件、凋落物的质量和有机分解者等共同协调作用，然而这些因素的相对重要性和相互关系随着植物群落发育过程而变化。本书还介绍了有关在美国东部的史密森尼环境研究中心（Smithsonian Environmental Research Center，SERC）开展的研究，通过凋落物袋野外实验，调查了在蚯蚓（earthworm）和森林年龄（forest age）两个因子影响下，北美鹅掌楸（tulip poplar）凋落物分解 11 个月后有机碳和氮以及木质素酚类和次级脂肪酸的变化。在该研究区域，总共设置了 6 个样地：2个林龄较小的样地（Young），具有高数量的蚯蚓；2 个林龄较大的样地（Old），伴随着低数量的蚯蚓；2 个成熟林样地（Mature），没有蚯蚓。研究发现，凋落物分解 11 个月后，碳和氮浓度以及木质素酚类的浓度并没有受到蚯蚓的显著影响。然而，蚯蚓优先降解脂肪类物质的现象在小孔径的凋落物袋中被积累的 ΣSFA 所证实。林龄对分解产物的碳和氮的浓度具有重要的影响，成熟林中碳和氮的浓度显著高于处于演替中的森林，特别是微生物细菌和真菌的组成和群落结构可能是潜在控制因子。成熟林中，木质素的浓度比较低，ΣSFA 的浓度比较高，可能在处于演替中的森林中因蚯蚓的存在而间接导致真菌生物量下降或者土壤其他特性的改变。在蚯蚓和森林年龄的影响下，凋落物分解产物由脂肪类向芳香族转移，从而有可能影响有机碳的稳定性。

本书内容以第一作者沈阳建筑大学吴娜娜的博士学位论文为基础，并整理其承担的辽宁省博士科研启动基金项目"东北人工林土壤碳稳定性对大气氮沉降增加的响应"和辽宁省教育厅科学研究一般项目"模拟氮沉降对东北人工林土壤固碳潜力影响研究"的部分结果而成。书稿撰写过程中，沈阳建筑大学唐婧和中国能源建设集团辽宁电力勘测设计院有限公司王宇思提供了一些资料和帮助。

温带森林凋落物和土壤有机碳稳定性对大气氮沉降等因素的

响应研究,为更准确地评估大气氮沉降增加背景下凋落物和森林土壤的固碳潜力及构建全球碳循环模型提供了数据支持和理论依据。由于作者水平有限,本书在研究的深度与广度上还有不足,不妥之处在所难免,敬请读者不吝指正。

作　者
2018 年 6 月

目 录

CHAPTER
1

绪 论

1.1 引 言

　　陆地生态系统中,土壤碳存储量占 73%,达 1 500 PgC (Post et al.,1982),是大气碳存储量的 2 倍,约是陆地植被碳库的 3 倍 (图 1.1),因此土壤碳库已被认为是陆地生态系统的最大碳库 (Siegenthaler et al.,1993)。由土壤呼吸产生的 CO_2 年释放量是化石燃料燃烧产生 CO_2 年释放量的 10 倍(Raich et al.,1995),所以土壤碳库的微小变化,将对大气中的二氧化碳浓度产生明显的波动,对全球碳平衡造成重大的影响(Schlesinger et al.,2000)。森林生态系统占陆地面积的 30%,碳库占土壤碳存储量的 45% (Dixon et al.,1991),如图 1.1 所示,因此,研究森林土壤碳库的动态变化对全球碳循环具有重要的意义。

　　森林土壤有机质是指存在于土壤中的所有含碳的有机物质,包括土壤中各种动、植物残体,微生物及其分解和合成的各种有机

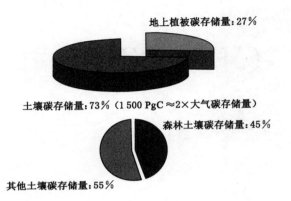

图 1.1　陆地生态系统碳库分布图

物质(李靖,1999)。在风化和成土过程当中,最先出现于母质中的有机体是微生物,所以对原始土壤来讲,微生物是土壤有机质的最早来源。随着生物的进化和成土过程的发展,动、植物残体就成为土壤有机质的基本来源(文启孝,1989)。在通常的自然植被条件下,土壤中的有机物质绝大部分直接来源于土壤上生长的植物残体和根系分泌物。对于森林土壤来说,土壤有机碳主要来源于凋落物和根系分泌物。根系分泌物是指根系在其生长发育期间不断以根产物的形式释放到土壤中的分泌物质,直接或间接影响土壤的养分有效性(王建林 等,1993)、腐殖质及微生物的活动(吴辉等,1992),进而影响土壤有机质的含量。

1.2　凋落物的来源、研究方法及分解过程

凋落物是指丛林生态系统内,由生物组分产生并归还到林表地面,起到保持生态系统功效的全部有机物质总称,是分解者的物

质和能量的来源(王凤友,1989),包括林内乔木和灌木的枯枝、枯叶、落皮及果实、野生动物残骸及代谢产物,和林下枯死的草本植物及枯死植物的根。森林凋落物每年秋季有大量的有机质归还土壤,是森林土壤有机质的主要来源。

目前研究凋落物量的研究方法主要有:

(1)收集面积法。即直接采用凋落物收集器法(Litter Trap)估测森林凋落量,一般根据不同的研究目的与对象,凋落物收集器的面积各不相同,多采用 1 m² 的收集器。为了达到更好的收集效果,总收集面积应达到调查面积的 1%(王凤友,1989)。但一般野外样地面积比较大,很难达到,所以实际工作中,一个样地至少设置 10 个收集器,每个收集器的面积不小于 0.2 m²(MacLean et al.,1978)。

(2)样品收集法。采取定期收集凋落物的方法来估测森林凋落量,不同的森林类型和季节,收集的时间不同。例如,热带雨林凋落量比较大,并且雨水淋洗和凋落物的分解速度比较快,收集的时间一般很短(Spain,1984);阔叶林凋落物的分解也比较快,一般3 个月左右采集一次样品;而对于针叶林凋落物的分解缓慢,可半年或一年定期采集一次样品(王建林 等,1998)。凋落物质量损失和分解速度的研究通常采用凋落物袋法(Litter Bag),具体是指将凋落物风干称重后置于凋落物袋中,将其放于森林凋落物覆盖层或者埋藏于土壤内,定期进行时间序列测量凋落物分解的质量损失和分解速率的方法。凋落物袋一般采用尼龙网制作而成,网袋孔径的大小对于分解具有一定的影响,目前多采用控制孔径大小而控制进入袋内参与分解的生物类群(Filley et al.,2008b)。凋落物袋孔径的大小,依据所研究的对象、目的和具体环境而定,是影响凋落物分解的重要因素。

凋落物在分解过程中,其所含的营养物质逐渐释放到土壤中,对土壤有机质含量具有重要的影响(Hobara et al.,2014)。凋落物分解的快慢对于土壤有机质的积累以及土壤肥力的维持和改善具有非常重要的意义(Chapin III et al.,2002)。凋落物是森林生态系统生产力的主要构成部分,其分解过程是生物地球化学循环中的重要环节之一,是森林植物在其生长发育过程中所需养分的主要来源。凋落物分解是生态系统物质的循环和能量的转换,通过凋落物的分解归还至大气中的 C 量是全球碳循环中的一个重要组成部分。以往研究发现,全球因凋落物分解所释放的 CO_2 量为 68 GtC/a,约占全球年碳流通量的 70%(Raich et al.,1992)。凋落物的分解速度是森林生物量和养分含量的主要决定因素,同时对土壤的理化性质具有重要的影响。

凋落物的分解过程是多门学科的交叉过程,包括物理和化学过程,以及对其研究所需要的生态学、土壤学、微生物学及其生物化学等(Swift et al.,1979)。森林凋落物的分解过程,一般由以下作用共同完成:淋溶作用,即凋落物中可溶性物质通过降水等而被淋溶;自然粉碎作用,即主要经由腐食动物的啃食破坏完成;代谢作用,即主要由腐生微生物的活动把复杂的有机化合物转化为简单无机化合物。淋溶作用是潮湿环境中凋落物质量损失的主要过程;凋落物经由土壤动物粉碎破坏后,增加了凋落物的表面积,并为微生物的发展滋生供给能量和营养;之后的碎屑在各类分解者主要包括真菌、细菌和放线菌以及各类酶系统作用下生物降解(郭剑芬 等,2006)。凋落物的分解过程一般分为两个阶段:分解速率较快阶段和分解速率较慢阶段,初期出现较快的分解速率,主要是由于分解的是水溶性物质和易分解的碳水化合物,之后随着木质素等难降解组分不断积累,分解速率明显减慢(Aerts,1997)。

凋落物分解快慢受内因和外因的共同影响。内因主要指凋落物自身的化学成分、物理结构等固有的性质,如凋落物含碳量、木质素含量、C/N 比值等(Moore et al.,1999),在外界环境一致条件下,因基质质量的差异可能造成凋落物分解速率 5～10 倍的变化。

N、P、木质素浓度、C/N、C/P、木质素与养分比值是常见的凋落物质量指标,其中 C/N 和木质素/N 是比较常用的反映凋落物分解速率的参数(Sariyildiz et al.,2003)。外因指影响凋落物分解的各类情况因子,包括生物因子和非生物因子,其中生物因子主要是指各类分解者,如土壤动物和微生物等是主导因子,对凋落物的分解起到直接的作用,但是温度作为影响生命活动的主导因子,对微生物的数量和酶活性具有重要的影响。土壤微生物和土壤动物大都集中分布在 0~10 cm 的土层中,该区域的温度比较适宜,并且由于土层枯枝落叶覆盖使其保持湿润状态,有利于微生物的分解,以及通过粉碎作用及对凋落物中难分解成分的生物降解而加速凋落物的分解(Garcia-Pausas et al.,2004)。土壤中酶的活性高低直接影响着微生物对凋落物的分解,微生物的群落组成又影响着酶的类型及生产率,以往研究表明,大部分微生物具有产生蛋白质酶和纤维素酶的作用,而只有少量的微生物主要是真菌,具有产生木质素酶的作用,因此,相对于其他组分来说,木质素相对更稳定一些(Voriskova et al.,2014)。非生物因子则是通过影响分解者生物的活动而对凋落物分解起到间接作用,如土壤温度、土壤湿度、土壤的 pH 值等(Cornwell et al.,2008)。土壤 pH 值越低(4.5~5.7),凋落物的分解越慢,因此氮沉降增加及土壤有机质演替过程中有机酸累积均可造成 pH 值降低,从而影响微生物的数量及凋落物的分解速率(Micks et al.,2004)。

　　凋落物分解过程中化学成分的变化受到研究方法的限制,但随着实验技术的发展,如同位素示踪法、生物化学法的应用,凋落物分解过程中成分的变化规律逐渐明了。对凋落物的深入研究促进了对生态系统主要功效过程的熟悉,对森林生态系统的功效评价与管理具备积极作用。目前 CO_2 浓度升高、气温上升、氮沉降增加等全球变化问题日益受到关注,因此,在此环境变化下,凋落物分解过程随之会有怎样的变化成为生态学家关注的热点之一。

1.3 凋落物和土壤有机碳化学

凋落物和土壤有机碳的化学组成基本类似,其中土壤有机碳(soil organic carbon,SOC)主要来自植物和微生物,在环境条件、输入和土壤性质的影响下,伴随着不同程度的物理和化学保护而形成复杂的混合物(Sollins et al.,1996;Sollins et al.,2006)。土壤有机碳由于背景值较高,对气候变化、土地管理措施以及土地利用方式改变的响应具有一定的滞后性,因此,短时间内很难检测出其发生的微小变化。

根据研究需要的不同,有机碳组分的分类方法各异。但根据各类方法性质的差异及获得的组分差异,这些方法可分为三类:物理技术、化学技术和生物学技术。

1.3.1 物理技术

物理分组的根据是密度、粒径巨细和空间散布,可分离出有机碳的活性组分和惰性组分。由于破坏性小,物理分组成为当前研究土壤有机碳组分的主要方法之一。通过物理性质的差异或者破坏空间分布获得不同稳定性的碳组分。有机碳与不同粒径土粒的结合程度及在土壤团聚体内外的分布都会影响其分解动态。原始状态的土壤,通过干湿筛及振荡、超声波处理分散、密度离心和沉降等,将可分离出有机碳的活性组分和惰性组分。物理方法可分为密度分组、粒径分组和联合分组(张国 等,2011)。

(1)根据密度,可以分为轻组碳和重组碳。轻组碳主要是指新添加的,介于新鲜有机质和腐殖质间的碳库,主要包括各种半分解的残体(von Lützow et al.,2007);重组碳主要是指腐殖质,大部分与矿物结合,分解程度较高,因此 C/N 较低,是土壤有机碳的主要储存库(John et al.,2005)。

（2）颗粒巨细分组主要包括有机碳的团聚体分组和粒径分组,两者之间的区别在于土壤崩解处置时前者采用湿筛和振荡分离的方式取得水稳定性团聚体,后者除采取湿筛外,用超声波进一步分离土壤,粉碎团聚体,从而取得更稳定的有机物-土粒复合体。团聚体分组出来的团聚体以 250 μm 为界分为大团聚体（>250 μm）和微团聚体（<250 μm）,微团聚体进一步可细分为 53~250 μm 团聚体和<53 μm 团聚体(Puget et al.,2000)。粒径分组根据有机碳结合的土粒按大小分为黏粒（<2 μm）、粉粒（2~20 μm）和砂粒（20~2 000 μm）(Preger et al.,2010)。

（3）联合分组是指将密度和粒径两种方式相结合分离出颗粒有机碳(particulate organic carbon)的方式。颗粒有机碳主要包括相对粗大的非腐殖质化的不同分解阶段的植物残体以及微生物的分解产物等,与轻组碳的性质相似,但含有更低的 C/N,分解更完全(Gregorich et al.,2006)。颗粒有机碳有两种存在形式:位于团聚体间的游离态(fPOM)和团聚体内的闭蓄态(oPOM),后者具有更高的稳定性(von Lützow et al.,2007)。

1.3.2 化学技术

化学分组基于土壤有机碳在各类提取剂中的溶解性、水解性和化学反应性从而分离出各类组分:溶解性有机碳是生物可代谢有机碳,包括有机酸、酚类和糖类等;酸水解方法可将有机碳分为活性成分和惰性成分,活性成分主要包括蛋白质、核酸和多糖,惰性难分解成分主要是木质素、脂肪、蜡、树脂和软木脂等;利用 $KMnO_4$ 方法模拟酶氧化可分离出活性碳和非活性碳,新鲜有机碳中所含成分按分解速率大小依次为:简单糖类和氨基酸>蛋白质>纤维素>半纤维素>脂类、淀粉和蜡>木质素等(Rovira et al.,2000)。

1.3.3　生物技术

　　生物技术是指利用生物学方法测定出微生物生物量碳和潜在可矿化碳,利用一定方法测定进行矿化的生物和被矿化的有机残体的生物量,或利用有机碳作为底物的反应来推断土壤中生物可利用的有机碳量。

　　(1) 微生物生物量是指土壤中体积小于 $5\sim10~\mu m^3$ 的活的微生物总量(包括细菌、真菌和微动物体等),由于微生物的周转周期一般少于 5 d,因此是土壤活性有机碳库的主要组成部分。土壤微生物生物量碳(microbial biomass carbon)一般采用氯仿熏蒸提取法(氯仿能够通过溶解细胞膜上的脂类从而杀死微生物,使细胞内容物释放到土壤中)测定。经由计算熏蒸和未熏蒸土壤中提取的溶解性有机碳的差值,提取周期短,适用于大批量样品的测定。

　　(2) 经由微生物的分解,将有机碳转化成无机碳的过程,即土壤有机碳的矿化过程当中微生物呼吸释放 CO_2,分解者主要是各类真菌、细菌和土壤动物。测定的方法一般为测定密闭容器内微生物分解有机碳所释放的 CO_2(Haynes,2005)。

　　Parton et al.(1987)将土壤有机碳库分为活性库、缓性库和钝性库,其研究发现,活性有机碳(active/labile organic carbon)对土地管理及利用方式等因子变化的反应较灵敏,总有机碳更敏感,常被用来作为有机碳早期变化的指示物,而钝性库则表征土壤的长期累积和固碳能力。其他研究将有机碳分为五类:可降解植物、抗分解植物、生物有机碳、物理稳定有机碳和化学稳定有机碳(Jenkinson,1977)。另外,按照有机碳在土壤结构中的散布和功效,将其分为游离态颗粒有机碳、闭蓄态颗粒有机碳、矿物结合态有机碳和可溶性有机碳(Six et al.,1998);利用有机碳在土壤中的平均停留时间的差异,将土壤有机碳分为活性碳库、受保护的缓性碳库、未受保护的缓性碳库和难转变的稳定碳库(Kucharik et al.,

2000)。除此之外,根据有机碳库对外界因素的敏感性和周转速度,将其分为活性有机碳库和惰性有机碳库(Dalal et al.,2001),具体包括单糖、淀粉、简单蛋白质、粗蛋白、半纤维素、纤维素、脂肪、蜡质等以及木质素,其中,单糖多糖类碳水化合物易降解,而高聚物如脂肪、蜡质及木质素难降解(Kögel-Knabner,2002;Schmidt et al.,2011)。

因此,土壤有机碳的稳定机制之一为难降解组分如木质素、软木脂及角质产生的生化保护,由进入土壤的植物残体本身的化学组成、分解程度及分解者生物群落等多种因素所决定(Sollins et al.,1996)。除此之外,土壤中的团聚体(aggregates)长久以来被作为土壤结构稳定性的替代指标,可以提高土壤有机碳稳定性,能够为包裹在其内的有机碳提供物理保护(Six et al.,2004);土壤金属氧化物、黏粒含量及其表面活性如比表面积和表面电荷、黏土矿物组成对有机碳的稳定性具有重要影响,尤其是有机碳与黏土矿物中的 Fe、Al、Mn 等阳离子通过配位体置换、高价离子键桥、范德华力和络合作用结合构成有机无机复合体而形成物理化学保护(Baldock et al.,2000;Filley et al.,2008a;Tisdall et al.,1982),导致有机碳的生物有效性明显下降,即提高土壤有机碳的稳定性。本书主要研究凋落物和土壤有机碳不同组分的生化稳定性。

1.4　植物-土壤系统碳分配研究——碳稳定性同位素脉冲标记技术

工业革命以来,随着人类活动二氧化碳排放量不断增加,2008年释放到大气中的人为 CO_2 的量为 8.7 PgC,而同年陆地从大气中吸收的 CO_2 量高达 4.3 PgC(Le Quere et al.,2009),因此,陆地生态系统在调控全球碳循环的过程当中起着举足轻重的作用。

陆地生态系统中起固碳作用的主要为森林生态系统和草原生态系统,其中,森林生态系统占陆地生物量的 80%（Saugier et al.，2001）。陆地植物通过光合作用吸收大气中的 CO_2,将无机物转化为有机物,该有机物部分被植物直接呼吸利用,快速返回大气中,其余部分被保存或输送至植物组织及土壤微生物和土壤有机物中,这在较长时间尺度上达到了陆地生态系统固碳的作用（Högberg et al.，2002）。在不同的生态系统（Kuzyakov et al.，2001）、植物类型（Carbone et al.，2007）、植物生长阶段（Swinnen et al.，1994）、营养状态及环境条件下（Saggar et al.，1997；Staddon et al.，2003）,植物光合作用产生的同化物在不同的碳库之间,具有不同的分配模式,从而造成了碳在植物或土壤中重新返回大气时的平均停留时间（mean residence time，MRT）不同。为了更大限度地发挥陆地生态系统在控制大气 CO_2 浓度中的作用,研究碳在不同碳库之间的分配模式具有重要的意义,成为生态学家们关注的热点之一。

1.4.1 碳稳定性同位素脉冲标记技术

近年来,随着元素分析-同位素比值质谱仪（EA-IRMS）分析系统的普及和成熟,碳稳定性同位素脉冲标记（pulse-labelling）技术被广泛地应用于研究碳在大气-植物-土壤系统（Atmosphere-Plant-Soil）中的分配模式。

碳是生物体组成部分的最基本元素,占有机体干重的 45% 以上（李博 等,1999）,是众多生物地球化学循环的重要参与者。在自然界中,碳以 ^{12}C、^{13}C 和 ^{14}C 三种同位素的形式存在,其中,前两者为稳定性同位素,相对丰度分别为 98.89% 和 1.11%；^{14}C 为放射性同位素,半衰期为 5 730 a,但其含量极微。在生态学研究中,碳稳定性同位素组成大多采用与标准物质的相对含量来表示：

$$\delta^{13}C(‰) = [(R_{sample}/R_{standard}) - 1] \times 10^3 \qquad (1.1)$$

其中,R 为 $^{13}C/^{12}C$ 的值;标准物质采用美国南卡罗莱纳州白垩系 Pee Dee 组拟箭石化石(PDB),其 $R_{standard}$ 为 0.011 237,定义其 $\delta^{13}C=0‰$,R_{sample} 代表样品中 R 值。据此,大气中 CO_2 的碳稳定性同位素组成为 $-7.4‰$(Keeling et al.,1979)。所有生命的碳源均是大气中的 CO_2,但其在生态系统转化过程中,存在明显的同位素分馏效应(isotopic fractionation),造成自然界中不同的碳库各有其典型的碳稳定性同位素组成。

由上可知,相对于其他方法如环割法(girdling)(Högberg et al.,2001)、壕沟法(trenching)(Ewel,1987)等,碳稳定性同位素脉冲标记技术可以在保证植物生存环境基本不受干扰的条件下,对植物进行短时间(<1 d)标记,从而依据碳库的碳稳定性同位素组成的不同,区别具有显著差异的碳源,成为分析碳在植物-土壤系统中分配的重要手段。基于稳定性同位素 ^{13}C 的质量平衡(mass balance),新碳在碳库中的贡献比例(f)可表示为:

$$\delta^{13}C_{total} = f \times \delta^{13}C_{label} + (1-f) \times \delta^{13}C_{background} \quad (1.2)$$

其中,$\delta^{13}C_{total}$ 为脉冲标记后,某时间点碳库的碳稳定性同位素组成;$\delta^{13}C_{label}$ 为标记碳源的同位素值;$\delta^{13}C_{background}$ 为未标记时碳库的碳稳定性同位素组成。因而,某时间点碳库总量($^{13}C_{total}$)中标记碳量的绝对值($^{13}C_{label}$)为:

$$^{13}C_{label} = f \times {}^{13}C_{total} \quad (1.3)$$

对 $^{13}C_{label}$ 进行示踪时间内积分,可得到该碳库中累积的标记碳回收量(cumulative label recovered,CLR),根据总的标记碳源量,可得出标记碳源分配至该碳库的比例。

标记碳在各个碳库的平均停留时间 MRT,表征标记碳量在碳库中减少到其最初值的 $1/e$ 时所需的时间,其可根据拟合的标记碳在碳库中的贡献比例 f 随时间呈指数衰变的函数计算得到:

$$f = f_0 \times e^{-kt} \quad (1.4)$$
$$MRT = 1/k \quad (1.5)$$

$$half\text{-}life = \ln 2/k \qquad (1.6)$$

其中,f_0 代表标记刚结束时($t=0$)的 f 值;k 代表 f 的衰变常数(d^{-1}),即标记碳在碳库中的周转速率;MRT 和半衰期(half-life)均可根据与 k 值关系计算得到。

1.4.2　植物-土壤系统碳分配研究现状——应用碳稳定性同位素脉冲标记技术

植物生物量常被用来描述碳在植物-土壤系统中的分配模式,如苔原、草地等的根生物量与地上生物量的比值($B_{R:S}$)为 4~7,而森林生态系统的 $B_{R:S}$ 值相对较低(0.1~0.5)(Jackson et al.,1996),由此可知,草原生态系统与森林生态系统应具有明显不同的碳分配模式。

1.4.2.1　草原生态系统

在多年生草本植物的生长季节,地下呼吸占总呼吸量的 64%~71%,并且在 24 h 之内 48%~61% 的新碳总回收量(total label recovered,TLR)即被呼吸掉;然而,对于灌木而言,地下呼吸只占新碳呼吸的 17%~22%,此现象不能由两者具有相似的 $B_{R:S}$ 比值而解释,推测可能与灌木的生长环境、根的周转速率及其需要维持非生长季节的地上生物量有关(Carbone et al.,2007)。由于不同的碳分配模式,草地的新碳呼吸的平均寿命较灌木稍长(Carbone et al.,2007),即草地具有更长时间尺度的固碳能力,但全球植被正由草本种类向木本种类所演化(Asner et al.,2003;Jackson et al.,2000;Schlesinger et al.,1990),这对于调控大气中的 CO_2 浓度可能具有一定的影响。

继而进一步研究发现(Wu et al.,2010),高山草地生态系统固定的新碳,29.6% 用来呼吸,28.9% 分配给地上生物量,其活根占有最高的新碳分配比例(30.9%),而死根和土壤有机物分别只占 3.4% 和 7.3%。由此可以看出,在高山草地上的植物-土壤系统中,41.6%的新碳被输送至地下,即地下碳库在碳循环中起着重要的作用(Wu et al.,2010)。

1.4.2.2　森林生态系统

树叶光合作用固定的碳主要用来维持组织(叶、茎、根)的生长和呼吸作用,其中呼吸作用主要来自于叶片呼吸、茎呼吸和土壤呼吸。

目前,对法国山毛榉树种(beech tree)的调查已较全面:

(1)叶片呼吸。白天标记后的当晚叶片呼吸产生的 CO_2 中,只有 27%~58% 来自新碳,表明叶片呼吸的碳源不仅来自新碳,旧碳也具有一定的贡献(Nogueīs et al.,2006)。同时研究发现,被子植物可能具有在夜晚叶片呼吸作用产生的 CO_2 中富集 ^{13}C 的特征(Hymus et al.,2005;Nogueīs et al.,2006);此分馏效应在草本植物中已被普遍观察到,大小为 4‰~6‰(Ghashghaie et al.,2003)。

(2)茎呼吸。茎呼吸产生的 CO_2 中发现标记碳的时间较叶片呼吸滞后(time lag)10 h,与韧皮部的传输速度 1 m/h 相一致;在山毛榉树的生长晚期,茎呼吸中的累积标记碳量只占树叶总固定标记碳量的 5%~13%(Plain et al.,2009)。

(3)土壤呼吸。土壤呼吸占陆地生态系统呼吸总量的 40%~70%,是陆地生态系统向大气中释放 CO_2 的主要来源(Janssens et al.,2001)。在山毛榉树的快速生长期,土壤呼吸中出现标记碳的时间相对于标记结束后滞后 0.5~1.3 d,但几乎同时出现在细根和微生物内;土壤呼吸累积消耗碳量占总固定碳量的 10%~21%,并表现出随最近碳固定量而变化的趋势(Epron et al.,2011;Plain et al.,2009)。该碳分配模式与裸子植物如红松(pine)不同,红松的运输速度小于山毛榉树,土壤呼吸中出现标记碳的时间晚于山毛榉树,可能与裸子植物和被子植物剖面(anatomy)不同有关;而分配至土壤呼吸的总碳量与山毛榉树相似,但呈现出明显的季节变化。由此可知,不同树种具有不同的地下碳分配模式,并随着树种季节性的气候生理而变化(Epron et al.,2011)。

土壤呼吸包括异养呼吸(heterotrophic respiration)和根际呼吸(rhizospheric respiration)。异养呼吸来自微生物对地上和地下凋落物(litter)及土壤有机物的降解;根际呼吸来自根及共生的菌根菌丝呼吸,及分解根分泌物(exudates)的微生物呼吸(Subke et al.,2006),其中研究显示,黄桦树(yellow birch)和糖枫树(sugar maple)的根际呼吸分别占土壤呼吸的 19% 和 26%(Phillips et al.,2005)。

地面上的凋落物是森林生态系统中的重要碳库(Liski et al.,2002)。微生物在对地上凋落物分解的过程中,一方面将 67% 的质量损失转移至土壤中,只有少部分(~30%)直接释放到大气中(Rubino,2010);另一方面又能够促进土壤中微生物的活性,增强对土壤中原有有机物的分解作用(soil priming effect),使土壤中释放的 CO_2 量增加(Subke et al.,2004)。直接通过树木根部转移至土壤中的新碳通量(rhizosphere carbon flux,RCF)也可能促进土壤有机物的分解(soil priming effect)(Kuzyakov,2002),但同时也可能由于能够为植物生长提供可利用营养盐等条件,促进生态系统的碳存储量(Hu et al.,1999)。不同树种分配至根部的RCF 值不同,并且外生菌根(ectomycorrhizal,EM)的分配量可能大于内生菌根(arbuscular mycorrhizal,AM),如以 EM 为主的黄桦树(yellow birch)树苗(11.2%~13.0%)高于以 EM 为主的糖枫树(sugar maple)树苗(6.9%~7.1%)(Phillips et al.,2005),但总体来讲,树木的 RCF 值介于<1% 至 12% 之间(Grayston et al.,1997),表明树木根部能够持续为土壤提供碳源,这对于土壤微生物、营养盐利用率及碳存储具有重要的意义。

综上,植物碳分配模式具有树种和季节性的特征,因此,在全球范围多样化的陆地生态系统及森林树种背景下,为了更全面、准确地预计陆地生态系统在调控全球碳循环中的作用,对大气-植物-土壤系统中的碳分配模式进行系统性研究迫在眉睫。

1.5 氮沉降

氮沉降是影响陆地生源要素生物地球化学循环的主要环境因子之一,自 19 世纪以来,由于矿物燃料燃烧、含氮化肥的生产和使用、人口增长以及畜牧业发展等原因,人类向大气中排放的含氮化合物越来越多,大气氮沉降不断增加(Vitousek et al.,1997)。据估计,全球人类活动生成的活性氮在 1990 年约 140 TgN/a,而在 1890年只有 15 TgN/a。人类活动产生的活性氮进入大气层后通过大气转化与大气环流,60%～80% 的氮素又沉降到广阔的陆地与海洋生态系统(Moffat,1998)。1950～1980 年期间,欧洲大部分国家的大气氮沉降量增加了 1 倍,已经远远超过了自然界天然固氮的量,据估计至 2050 年,温带氮沉降量将高达 50 kgN/(hm² · a)(图 1.2)(Galloway et al.,2004;Liu et al.,2013)。目前而言,东亚(主要是指中国)、西欧和北美已成为全球氮沉降的三大热点地区(Holland et al.,1999)。

1.5.1 大气氮沉降的来源

人类出现之前,生物主要通过闪电和生物固氮过程等自然的途径来获得活性氮,随着人类的出现,活性氮的来源途径增添了化石燃料燃烧、农田施肥和畜牧业(Vitousek et al.,1997)。大气中的有机氮一般包括三类:有机硝酸盐(氧化态有机氮)、还原态有机氮和生物有机氮(Graedel et al.,1986)。其中,大气中的铵态氮主要来自家畜粪便及肥料中氨态氮的挥发(Levy et al.,1987),硝态氮主要来自闪电雷击和工业、民用燃料燃烧及汽车尾气等

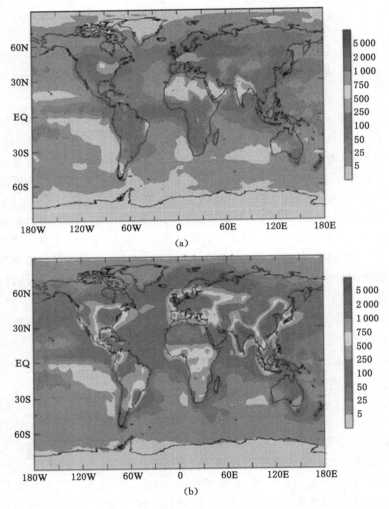

图 1.2　总无机氮沉降量的空间分布
模式[mgN/(m² · a)](Galloway et al.,2004)

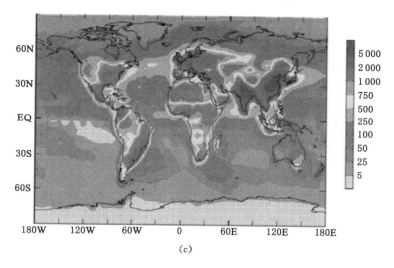

续图 1.2　总无机氮沉降量的空间分布

模式［mgN/(m² · a)］(Galloway et al.,2004)

(a) 1860 年;(b) 1990 年早期;(c) 2050 年

(Jenkinson,1990);大气中的有机氮越来越受到重视,以往大气氮素沉降的研究中,一般只考虑无机态氮的沉降,但现在发现,有机氮也是大气氮素沉降的重要组成部分(Munger et al.,1998)。人类活动及生物质直接向大气中挥发气相或固相有机氮,主要来源包括生物质的焚烧、工业农业畜牧业生产活动、废弃物处置、土壤腐殖质和动植物直接向大气中挥发的有机氮,另外还来源于大气中活跃的氮氧化物与碳氢化合物的光化学反应。

1.5.2　大气氮沉降的测定方式

大气氮沉降一般有干沉降和湿沉降两种形态。大气干湿沉降氮在不同气候、不同地区和不同生态条件等多种因素的影响下,按照研究的需要采取不同的采样和测定方式。

随着雨、雪、雾等下降,即为湿沉降,主要是铵态氮(NH_4^+)、硝态氮(NO_3^-)以及可溶性有机氮。一般湿沉降样品由自动采雨器等仪器收集,取回实验室后进行氮形态和浓度等的常规分析。

大气氮干沉降是吸附在气溶胶及大气颗粒物后降落,包括有机氮,颗粒态铵态氮和硝态氮,气态 NH_3、HNO_3、NO_x 等。因所处的地理位置和气候条件等不同,大气氮的干沉降量约占总氮量的 $20\% \sim 80\%$(Sparks et al.,2008),因此研究干沉降对生态系统的作用具有重要意义。在大气氮素干沉降监测中,常用的方法有空气动力学梯度法、涡度相关法和松弛涡度累积法等微气象学方法以及推算模型法(Fowler et al.,2001)。

1.5.3　大气氮沉降的生态效应

氮沉降已引起陆地生态系统生物地球化学循环的诸多变化,目前氮沉降的增加已造成河口、海口和江湖等水域富营养化一系列严重的生态问题;另外,氮沉降增加使土壤酸化进程加快,影响树木生长以及生态系统的功能和生物多样性,甚至对生态系统的结构和功能造成威胁从而使森林衰退。氮沉降增加通过改变初级生产力、植物和微生物群落组成以及酶活性影响陆地碳循环,从而具有改变陆地生态系统碳存储量的潜力(Knorr et al.,2005)。因此,氮沉降增加引起了科学家和公众的普遍关注。

随着人类活动的增强,输入海洋、湖泊中的人为活性氮也在不断增加,改变了水体生态系统,加强了水体的富营养化(Duce et al.,2008)。研究表明,传输进入海洋、湖泊水体生态系统的大气氮是生物地球化学物质循环研究的重要组成部分。植物直接利用的氮素主要是土壤中的 NH_4^+ 和 NO_3^-,其主要来自施用氮肥以及大气干湿沉降(Xie et al.,2008)。土壤 pH 降低将导致土壤有效养分的淋失,土壤酸化使土壤铝离子活性增强,对植物产生毒害等副作用(Nosengo,2003)。严重的土壤酸化可引发土壤一系列的物理化学和生物性质的转变。

氮素是生物体必不可少的关键组成元素,然而,一般认为,当无机氮沉降量在一定范围内时,大部分氮被保留在生态系统中,$25\ kgN/(hm^2 \cdot a)$通常被认为是一个临界点,超过这一数值时,就会出现氮饱和状态(Aber et al.,1998),这将影响森林生态系统的生物多样性。在缺氮的生态体系中,经由大气沉降输入的氮可以增添体系的初级生产力和生物量以及土壤有机物质的积累;而在氮饱和的生态系统中,外来输入的有机氮不但不能起到营养成分的作用,反而会加快陆地生态系统的氮流失和水体富营养化(Nixon,1995)。

在温带森林生态系统,植物的生长一般受到氮限制,研究发现,增加氮可利用性可以提升树木的生物量和初级生产力,从而增加植物中碳存储量(Nordin et al.,2005;Oren et al.,2001;Pregitzer et al.,2008)。另外,最近的多元统计分析(meta-analysis)研究结果显示,氮沉降增加通过改变生物化学降解动力学而降低凋落物分解的程度,从而增加土壤中的碳存储量(Liu et al.,2010;Whittinghill et al.,2012)。氮沉降增加对凋落物和SOC降解过程的影响主要通过一系列微生物活性的响应:降低土壤呼吸速率,微生物群落结构组成的改变,刺激纤维素酶以及抑制木质素降解酶的产生等(Frey et al.,2004;Olsson et al.,2005;Waldrop et al.,2004)。木质素属于多酚类生物高聚物,唯独存在于植物次生细胞壁内,由腐生性营养的担子菌真菌降解(Fog,1988;Hassett et al.,2009;Kögel-Knabner,2002)。软腐(soft-rot)和棕腐(brown-rot)真菌产生的酶类可以改变木质素的结构,然而只有白腐(white-rot)真菌能够完全地降解木质素(Filley,2003;Filley et al.,2002),大量的可利用无机氮抑制了该类真菌产生木质素降解酶的能力(Hammel,1997;Kirk et al.,1987)。

在森林生态系统中,氮添加实验的研究结果呈现出复杂性甚至得到相互对立的响应:一些研究发现,氮添加加速了植物凋落物易分解组分的降解(如纤维素),并减缓了难分解组分的降解(如木质素)(Fog,1988;Knorr et al.,2005)。另外的研究得到明显相反的研究结果,在矿质土壤中,短期的氮添加实验促进了木质素的降解(Feng et al.,2010)。在美国 Duke 森林的研究显示,氮添加对 O 层和矿质土壤中有机碳含量没有显著影响,软木脂和角质组分在施氮条件下也均没有显著差异,但木质素中的酸醛比(Ac/Al)在矿质土壤中显著增加,指示施氮条件下,增强了矿质土壤中木质素的降解(Feng et al.,2010)。通过核磁共振技术,对土壤中的腐殖质进一步分析得出,其主要成分为脂肪类和氨基酸及碳水化合物,但氮添加状态下,来自角质的烷基结构所占比例增加,推测氮添加促进了木质素和可水解脂类的降解(Feng et al.,2010)。在其他的研究中,经过长期氮施肥实验,土壤碳含量呈现出增加的现象,然而在森林覆盖层和土壤层均未观察到木质素等其他化学组成成分的明显变化(Thomas et al.,2012)。

1.6　蚯蚓和森林年龄

凋落物和土壤的分解过程与分解者的活动有强烈的关系,能够改变凋落物和土壤的化学组分,调节土壤中的碳和氮动力学(Hobara et al.,2014)。因此,有关分解者在分解过程中对凋落物和土壤化学影响的研究非常重要,是理解陆地生态系统中的分解机制和碳氮循环的必要研究。

以往对分解过程中分解者的作用主要集中在微生物对凋落物和土壤降解的作用(Cleveland et al.,2014;Kim et al.,2014),对大型动物如蚯蚓的研究较少。蚯蚓是土壤中大型的无脊椎动物,食碎屑者,分解枯枝落叶和有机质（Alban et al.,1994；Nielsen et al.,1964）,是土壤可持续利用的关键生物种,是生态系统的重要物质分解者。依据它们的栖息地和摄食行为,蚯蚓可以被分为三种主要的功能群：表栖类（epigeics）、内栖类（endogeics）和深土栖类（anecics）。表栖类主要居住于土壤表面,取食土表凋落物和有机物,少量或不取食土壤;内栖类在土壤中水平挖洞,主要取食矿质土壤以及有机碎片,能够起到混合矿质层和有机质层的作用;深土栖类在土壤矿质层中垂直挖洞,于土表分解凋落物,以及将矿质土运输至表面,对于土壤气体交换和水系统具有重要的作用（Bohlen et al.,2004a；Bouche,1977）。由此可见,蚯蚓在土壤物质循环中占有重要的作用。

蚯蚓在环境生态中的作用主要包括：

（1）促进微生物与其他土壤动物的活动,对微生物的数量、分布和活性具有重要的调节作用。蚯蚓的肠道可为微生物的滋生供给有益的前提,并且可以伴随蚯蚓的活动而传布至土体其他部分,从而加速其对落叶的分解。另外,蚯蚓的钻洞行为可改良土壤的通气和布局,为其他土壤动物和好氧微生物供给氧气和水分。

（2）对有机残落物的机械破碎及消化分解作用。蚯蚓与微生物的共同活动对有机质的腐殖质化具有决定性的作用。蚯蚓将部分植物有机质拖进洞里,可以增加叶片与土壤微生物的接触面积,同时可以粉碎和混合有机物,为微生物进一步分解提供良好的基础（Mackay et al.,1985）。

（3）提高土壤肥力作用。主要包括：改造有机质,蚯蚓体内富含各种酶,使其具有转化改造有机质的特殊能力;改善土壤结构,蚯蚓繁殖周期短且能力强,消化系统发达,有助于形成各种团粒结构,其疏松、多孔,水稳性强,提高了土壤的通气透水性及蓄水保肥的效率。除此之外,蚯蚓活动能够有效地改善土壤化学性质,富集土壤腐殖质,还可与微生物协同分解有机物,促进了 C、N、P 等物质的循环。

(4) 蚯蚓还具有环境指示的作用,是良好的土壤环境指示生物。

在美国大陆中部和北美北部的森林生态系统,蚯蚓在凋落物分解和土壤有机物稳定性中的作用越来越受到重视(Bohlen et al.,2004b;Heneghan et al.,2007)。在几乎没有或者很少本地蚯蚓的森林生态系统,蚯蚓的入侵会引起一系列的变化,包括对有机层和森林覆盖层的消耗以致有机层和森林覆盖层厚度的降低、可溶性营养成分的流失,以及对矿质层和有机层的混合(Alban et al.,1994;Ma et al.,2013)。大量的中型实验生态系统和野外处理研究表明,蚯蚓可以通过物理破坏作用而显著影响凋落物的分解速率,以及将凋落物迁移至地下的稳定结构中,此作用高于微生物在凋落物分解过程中的作用(Cortez,1998;Heneghan et al.,2007)。相对而言,在有蚯蚓存在的状况下,森林土壤中的碳存储量明显下降(Brown et al.,2004;Crow et al.,2009)。并且在蚯蚓存在的 O 层,碳氮比(C/N)明显增加,达 34,碳稳定同位素值(δ^{13}C)下降至 $-28.6‰$,由此推测,该层有机物主要是木质类;然而,在矿质土壤中,蚯蚓的影响远远小于O 层,呈现出没有显著变化(Bohlen et al.,2004b)。

然而,蚯蚓在转变植物中的生物高聚体中的作用很少有报道。植物生物高聚体的相对丰度,如木质素、软木脂和角质,对微生物和其他微型和中型动物后续利用具有重要的意义,并且有可能影响土壤有机物质动力学和稳定性(Hendriksen,1990;Nierop et al.,2003)。蚯蚓一般不具有直接降解木质素的能力,然而对于碳水化合物、蛋白质、角质和软木脂可以通过一些专门的酶活性进行降解(Nakajima et al.,2005)。位于美国东部的史密森尼环境研究中心(Smithsonian Environmental Research Center,SERC)的森林生态系统,是一个连续演替系统,具有各个年龄段的树木。自然状态下表层凋落物和凋落物袋经过 6 个月的分解实验在不同森林年龄建立,

以往调查研究表明本地和入侵的蚯蚓数量与森林年龄有密切关系
(Filley et al.,2008b)。研究结果显示,蚯蚓数量比较多的自然分解
样地下相对于蚯蚓数量少的自然分解样地下,脂肪类组分含量比较
低,木质素含量比较高(Filley et al.,2008b)。凋落物的生物高聚物
(biopolymer)在有大量蚯蚓存在的条件下,凋落物中木质素(SVC$_i$-
Lignin)含量明显增加,且接近于叶柄中木质素含量,同时,高蚯蚓量
时凋落物中次级脂肪酸(ΣSFA)的含量明显降低;然而,在低蚯蚓
量时,木质素比次级脂肪酸易降解(Filley et al.,2008b)。对处于凋
落物之下的土壤有机物进行化学分析得到,土壤颗粒有机物化学具
有相似的分布模式,即在幼龄的森林生态系统具有高丰度的蚯蚓数
量,次级脂肪酸浓度较低,木质素衍生的酚类浓度较高,相对于近熟
林和成熟林的森林生态系统伴随着低丰度的蚯蚓数量(Crow et al.,
2009)。在 SERC,经过蚯蚓的连续消耗和混合活动,在森林年龄较
小的森林生态系统,土壤物理筛分组成的各个部分,木质素具有更
高的浓度以及更低的降解程度,木质素酚类和次级脂肪酸的比值更
高(Ma et al.,2013)。由此得出,在蚯蚓的作用下,土壤组分中的芳
香族化合物得到积累,而难降解的脂类优先得到降解,土壤组分由
更难降解的脂类向芳香族转变。

1.7 本研究的意义、内容和技术路线

据此,提出本研究的科学问题为:氮添加条件下温带森林生态
系统凋落物和土壤有机碳化学组分有何转变? 蚯蚓和森林年龄对
温带森林生态系统凋落物化学组分有何影响?

1.7.1 研究意义

我们的研究区域分别是中国东北部的长白山阔叶红松林和美

国东部的史密森尼环境研究中心(SERC),它们均属于温带森林
生态系统。探究氮添加条件下温带森林生态系统凋落物和土壤有
机碳化学组分的转变在长白山森林生态系统进行,关注的阔叶红
松林是温带地带性顶级植被的代表;探究蚯蚓和森林年龄对温带
森林生态系统凋落物化学组分影响的研究在史密森尼环境研究中
心(SERC)进行,该样地是一个连续演替森林生态系统,森林年龄
可分为 Young 幼龄、Old 近熟林和 Mature 成熟林三个阶段,以往
累积调查表明,蚯蚓密度随着森林年龄的增加而降低,在 Young
森林系统中最高,Old 较低,而 Mature 森林生态系统中没有蚯蚓
的存在。

本研究的预期目标为:揭示氮沉降增加对长白山温带森林生
态系统凋落物和土壤有机碳化学组分的影响机制,探究蚯蚓和森
林年龄对美国东部的史密森尼环境研究中心(SERC)温带森林生
态系统凋落物化学组分的影响机制。

1.7.2　研究内容

具体的研究内容主要包括:

(1) 分析长白山野外控制施氮条件下凋落物、O 层和矿质土壤
层中有机碳氮总量以及有机碳组分及其稳定同位素值(δ^{13}C、δ^{15}N)。

(2) 在 SERC 布置凋落物袋并收集、分析凋落物分解过程中
有机碳氮总量以及有机碳组分及其稳定同位素值(δ^{13}C、δ^{15}N)。

1.7.3　技术路线

1.7.3.1　氮添加实验设计

氮添加的实验依托 2006 年在长白山建立的技术平台,分两个
处理组:对照和硝酸铵施氮 50 kg/(hm² · a),每个处理 4 个重复,
样方面积均为 25 m×25 m(表 1.1)。

表 1.1　　　　　　　长白山阔叶红松林施氮样地介绍

对照样地	施氮处理样地	
施用 NH_4NO_3 氮处理速率 /$[kgN/(hm^2 \cdot a)]$	0	50
重复数	4	4
样方面积	25 m×25 m	25 m×25 m

在氮添加样地,利用手捡法和方形土壤采样器采集蚯蚓。另外,在对照和施氮处理样地,分别采取剖面(共分为 4 层):新鲜凋落物(L)、半分解枯枝落叶层(LD)、O 层有机质层(O)、0~15 cm 矿质土壤层(MS)。分别测定样品的有机碳组分,包括木质素、软木脂和角质等次级脂肪酸组分;碳、氮元素含量及其稳定同位素值、土壤 pH 值等常规参数(图 1.3)。

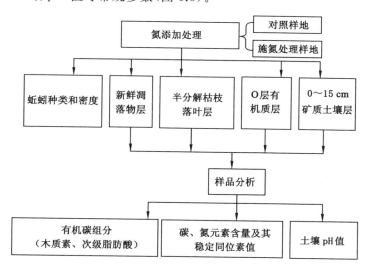

图 1.3　长白山施氮样地研究技术路线

1.7.3.2 蚯蚓和森林年龄实验设计

蚯蚓和森林年龄的研究,在每个年龄段选取两个实验样地布置凋落物袋,如表 1.2 所列。

表 1.2 　　　　　　　　　　　　SERC 样地介绍

Site name	Forest age/a	Age group	Earthworm density
Fox Point Road	～60	Young	High
Entrance Gate	74	Young	High
Treefall	113	Old	Low
Frog Canyon	～132	Old	Low
Fox Point	>200	Mature	No
Hog Island	>200	Mature	No

凋落物袋的作用为区分蚯蚓与其他细菌、真菌对凋落物降解的贡献,一般界定凋落物袋孔径 1 mm 可以阻止蚯蚓的进入。我们采用 1 mm、3.6 mm 和 8.2 mm 三种孔径大小的凋落物袋,分别代表无蚯蚓(No)、部分蚯蚓(Low)和完全自然状态(Open),于 2008 年 12 月开始投放,每两个月在每块样地回收 3 个重复,该研究主要介绍投放 11 个月后,2009 年 11 月回收凋落物袋样品的数据(图 1.4)。测定参数与氮添加相同,为有机碳组分、碳氮元素含量及其同位素等。其中,有机碳组分木质素、软木脂和角质等次级脂肪酸采用碱性氧化铜氧化法,气相色谱-质谱测定;碳氮元素含量及其稳定同位素采用元素分析仪-同位素比值质谱仪测定;土壤其他性质采用常规方法测定。

1.7.3.3 本研究的创新点

本研究的研究特色与创新点有以下几点:

(1)本研究氮添加的作用以长白山温带地带性顶级植被阔叶红松林为研究对象,探讨氮沉降增加对凋落物和土壤有机碳稳定

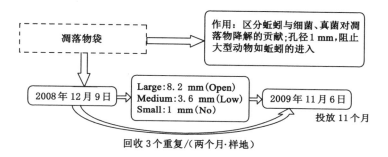

图 1.4　SERC 样地研究技术路线

性的影响,具有一定的代表性。

　　(2) 利用凋落物袋孔径的大小探究蚯蚓在凋落物分解过程中对凋落物化学的影响,将蚯蚓与真菌等微生物的作用区别开来,能够更有效专一地研究蚯蚓的作用,更有说服力。

　　(3) 利用天然的森林年龄的差异,探究在森林生态系统连续演替过程中,凋落物化学随之的响应,对于探究目前森林演替机制具有一定的研究意义。

　　(4) 本研究为探究蚯蚓和氮沉降增加两因子在有机物降解途径中的交互作用奠定了基础。

CHAPTER 2

研究区域与研究方法

2.1 长白山研究区域概况

实验地位于长白山,地理位置为 42°N、128°E,位于我国东北地区吉林省东南部的中朝交界处,是东北地区松花江、鸭绿江和图们江三大河流的发源地,贯延吉林省东部的安图县、抚松县和长白县,属于森林和野生动植物类型的自然保护区,是我国乃至全球自然生态系统保留最完整的地域之一,是亚洲东部典型的山地森林生态系统。

长白山自然保护区是 1960 年经吉林省政府核准成立的,地跨延边朝鲜族自治州的安图县和白山地域的抚松县、长白县,全区南北长 80 km,东西宽 42 km,总面积为 190 700 hm²。1986 年 7 月,国务院批准长白山自然保护区为国家级森林和野生动物类型自然保护区。据调查,区内有野生植物 2 277 种,其中长白山特有植物 100 余种,属国家级重点保护植物 25 种;野生动物 1 225 种,属国

家级重点保护动物 59 种。该保护区同时也是中国第一批于 1980
年被联合国教科文组织批准为国际"人与生物圈"网的综合性森
林生态系统自然保护区。长白山的旅游资源丰富多样,著名景点、
景区有天池、瀑布、温泉、高山苔原、溶岩峡谷、岳桦幽谷、谷底森林
等(俞穆清 等,1999)。

长白山自然森林生态系统的山地垂直景观带,如高山苔原、岳
桦林、云冷杉林和阔叶红松林,是北半球唯一未被破坏、保存基本
完好的温带山地森林景观垂直分异系统(图 2.1),具备极为重要的
学术价值。

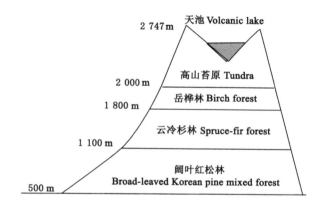

图 2.1 长白山垂直生态系统分布图

2.1.1 长白山阔叶红松林自然概况

本研究的研究样地位于中科院长白山森林生态系统定位研究
站设立的原始阔叶红松林,是温带地带性顶级植被的代表。阔叶
红松林在长白山分布范围多分布于海拔 500~1 100 m 内(平均海
拔 738 m)。该带气候冬长、夏凉、潮湿,1 月平均气温为 −17 ℃,

7月平均气温为 17.5 ℃,年平均气温为 3.8 ℃,年平均降雨量为
700 mm,多集中在夏季。秋天风凉多雾,冬日漫长、明朗而严寒,
属季风影响的温带大陆性山地气候。土壤类型是以火山灰为母质
的暗棕壤。阔叶红松林是亚洲北温带典型植被,分布最广、植物种
类最为丰富,林分结构为复层混交异龄林。阔叶树种在数量上超
过针叶树(Dai et al.,2013)。

主要的乔木树种包括红松(*Pinus koraiensis*)、椴树(*Tilia
amurensis*)、蒙古栎(*Quecus-mongolica*)、水曲柳(*Fraxinus
mandshurica*)和色木槭(*Acer mono*)、簇毛槭(*Acer barbinerve*),
平均冠层高度和胸径分别为 15 m 和 34.2 cm;主要灌木树种包括
东北山梅花(*Philadelphus schrenkii*)、卫矛(*Euonymus alatus*)、
忍冬(*Lonicera japonica*)、毛榛(*Corylus mandshurica*)和溲疏
(*Deutzia scabra*)等;主要草本种类包括多被银莲花(*Anemone
raddeana*)、莎草(*Cyperus microiria*)、延胡索(*Funaria
officinalis*)、侧金盏(*Adonis vernalis*)、山茄子(*Brachybotrys
paridiformis*)、银莲花(*Anemone cathayensis*)、蚊子草
(*Filipendula palmata*)等(Guan et al.,2006)。

阔叶红松林凋落物的最大值出现在秋天,约占年凋落物量的
3/4,春天和夏天相对较小;5~7 月,由于春季各种植物发芽、展叶
和花絮凋落,凋落物中的杂物约占总量的 1/2,其次为枝、针叶和
阔叶;7~10 月,凋落物以阔叶为主;10 月至翌年 5 月,凋落物中以
枝最多,占凋落物总量的 1/3 之多,其次是杂物和针叶,这是因为
冬季漫长而且风大,树枝容易折断,以及果实凋落等(刘颖 等,
2009)。树木的密度为约 560 棵/hm²,年平均凋落物量为
3.8 t/hm²,在森林覆盖层,凋落物存储量为 14.7 t/hm²,包括
5.8 t/hm² 的完整凋落物,以及 8.9 t/hm² 的半分解或完全分解的
凋落物(Dai et al.,2002)。

2.1.2　长白山其他垂直植被带自然概况

云冷杉林针叶林带：海拔分布在 1 100～1 800 m 之间,是落叶松林、暗针叶林分布区域。1 月平均气温为－20 ℃,7 月平均气温为 15 ℃,年平均气温为－2.3～0.9 ℃,年降水量为 800～1 000 mm,多云雾,林内气流静稳,蒸发量小,相对湿度较大。土壤为山地棕色森林土。地面阴冷潮湿,生长各种地衣藓类。主要建群树种是鱼鳞云杉(*Picea jezoensis var. microsperma*)、红皮云杉(*Picea koraiensis Nakai*)、臭冷杉(*Abies nephrolepis*),伴有红松(*Pinus koraiensis*)、长白赤松(*Pinus sylvestriformis*)、落叶松(*Larix olgensis*)、岳桦(*Betulaermanii*)(杨美华,1981)。

岳桦林带：主要分布在海拔 1 800～2 000 m,山势陡峭,是针叶林带向高山苔原带的过渡带。冷而多风是本带气候的主要特征,1 月平均气温为－19～－20 ℃,7 月平均气温为 10～14 ℃,年平均降水量为 1 000～1 100 mm。该区属于潮湿性亚高山气候,冬日严寒多风,夏日潮湿多雨,年平均气温低,生长季周期短。土壤为火山熔岩或山地泥炭化生草灰化的山地森林土。土质贫瘠,土层较薄,呈微酸性反应。岳桦林由岳桦(*Betula ermanii*)组成纯林,呈疏林或散生状,林相比较简单,林稀通风透光好。

高山苔原带：位于海拔 2 000～2 700 m,属于火山锥体上部,孤峰挺拔,分布在长白山垂直带谱的最上端。属于典型的高山苔原气候,年平均温度－7.3 ℃;年平均降水量 1 100～1 300 mm,6～9月降水 800～900 mm,约占全年降水量的 70%;积雪时间可达 6 个月以上,积雪厚度 2～4 m;年平均相对湿度达 74%左右;终年多风,年平均风速 10～15 m/s。长白山苔原带土壤主要为石质山地苔原土、苔原土和灌丛苔原土,多年冻土散布普遍,发育了以小灌木、苔藓和地衣为主的冷湿型苔原植被。主要植被有笃斯越桔(*Vaccinium uliginosum*)地衣群丛、包叶杜鹃(*Rhodo dendron*)

地衣群丛、牛皮杜鹃（*Rhodo dendronxanthostephanum*）地衣群丛等（杨美华,1981）。

2.1.3　长白山氮沉降概况

　　氮沉降增加对森林生态系统的影响主要表现在以下几个方面：① 在一定量范围内的氮沉降有利于植物的光合作用,但过量后则会对植物的光合速率起抑制作用；② 如若该地区属于氮限制,植物的生长受到氮限制,当大气氮沉降增加时,在一定程度上的氮沉降能够促进植物生产力,但当氮过量后则会引起植物生产力的下降；③ 过量的氮沉降能够导致植物体内各种营养元素含量失衡；④ 氮沉降的增添能够转变植物的形态布局、植物构成和降低森林植物的多样性；⑤ 氮沉降能够增加植物对天然胁迫如干旱、病虫害和风的敏感性,降低其抵御能力（李德军 等,2003）。

　　我国已经成为世界上三大高氮沉降区之一,许多地区的氮沉降量出现超量的现象（Holland et al.,1999）。现有数据表明,中国大气氮沉降的数量表现出极大的空间变异性,如湖南会同的 4.9 kg/（hm² · a）、广东鼎湖山的 35.29 kg/（hm² · a）、江西分宜的 60.65 kg/（hm² · a）,因此,建立完善的大范围监测网络对于中国的氮沉降现状具有重要的研究意义。中国的氮沉降影响过程研究主要集中在亚热带森林生态体系,例如于 2002 年在鼎湖山国家级自然保护区南亚热带代表性森林成立的永久实验样地,用人工施氮模拟大气氮沉降增加,为系统地研究氮沉降对南亚热带森林生态体系的布局和功效的影响提供了前提。目前有关该方面的研究报道有模拟氮沉降对亚热带森林优势种幼苗的生长、光合作用、生物量的分配和元素含量等的影响,鼎湖山主要森林植物类型的凋落物分解和土壤有效氮、硝态氮含量,土壤渗透水酸度和无机氮含量,以及土壤 CO_2 排放、CH_4 吸收特征对氮沉降的响应等。该样地是我国首次通过模拟实验手段系统地探究氮沉降对森林生态系统的影响,对认识中国的氮循环和氮控制状况有重要的意义(吕超群 等,2007)。

在中国的其他地域,如黑龙江帽儿山森林定位站降水氮沉降为 12.9 kgN/(hm² · a),均高于森林植物在生长季节对氮的需求量 5～8 kgN/(hm² · a),况且随着我国社会经济、工农业的进一步发展,氮沉降量可能还会继续升高(Galloway et al.,2002)。目前总体而言,我国的湿氮沉降平均值为 9.88 kgN/(hm² · a),最大值位于中南部地区,达 62.25 kgN/(hm² · a);干沉降量的平均值为 3.03 kgN/(hm² · a),最大值位于中东部地区,达 4.93 kgN/(hm² · a)(Lü et al.,2007)。本研究的研究区域之一,长白山森林生态系统的干湿氮沉降总量为 23 kgN/(hm² · a)(Wang et al.,2012)。氮添加的实验依托 2006 年在长白山建立的技术平台,分两个处理组:对照和硝酸铵施氮 50 kg/(hm² · a),每个处理 4 个重复,样方面积均为 25 m×25 m。根据施氮水平,在生长季 5 月至 10 月,每月月初将每个样方所施的硝酸铵(NH_4NO_3)溶解于自来水中,以背式喷雾器人工均匀喷洒在林地上,对照处理则喷洒同样多的自来水以避免林地水分人为的差异。施氮与对照样方四周用 PVC 板镶嵌至土壤矿质层,样方间的距离大于 30 m,不同施氮量的样方处在相同坡位,以避免地表径流或土壤层中的地下水流造成样方间的氮连通。

2.1.4　样品的采集和前处理

蚯蚓的种类和数量:于 2012 年 6 月,在对照和氮添加样地,利用手捡法和方形土壤采样器采集蚯蚓,以确定其种类和数量。每块实验地设置 4 个重复样,采取样块面积为 25 m×25 m,深度为 30 cm;采取的蚯蚓用 75%的酒精进行保存,带回实验室于复旦大学进行鉴种。

凋落物和土壤:同一时间内,即 2012 年 6 月,在对照和施氮处理样地,分别采取土壤剖面,共分为 4 层:新鲜凋落物(L)、半分解枯枝落叶层(LD)、O 层有机质层(O)、0~15 cm 矿质土壤层(MS)(图 2.2)。

图 2.2　长白山施氮样地采集样品

在每块样地分别采取 4 个重复样品,并将其混合为一个代表样。矿质土壤 0~15 cm 利用内径为 5 cm 的土钻采取。所有的样品在 2 d 内运回实验室,新鲜凋落物(L)、半分解枯枝落叶层(LD)在 50 ℃的通风烘箱内烘干 48 h 至烘干,之后用研磨仪磨制成粉末状。O 层有机质层和 0~15 cm 矿质土壤层(MS)首先过 2 mm 的土筛,去除植物根部、岩石和其他粗糙的碎屑物,于 50 ℃的通风烘箱内烘干 48 h 至烘干,之后用研磨仪磨制成粉末状以备用。

2.2　SERC 研究区域概况

史密森尼学会(Smithsonian Institution)是美国一系列博物馆和研究机构的集合组织,包括 19 座博物馆、9 座研究中心、美

术馆和国家动物园以及艺术品和标本。我们的研究区域之一史
密森尼环境研究中心（SERC）即属于该组织。SERC 主要研究
70%的世界人口所居住的沿海地带中生态系统之间的接洽题
目。SERC 占地 2 886 hm²，位于马里兰西海岸的罗德岛河口，地
理位置为 38°53′N、76°33′W（图 2.3），美国东部（www.serc.si.
edu）。

2.2.1 SERC 样地自然概况

自从弃农从林或者森林砍伐开始，该森林生态系统是一个具有
各个年龄的森林演替阶段的混合森林生态系统。该研究的实验样
地设置在不同的年龄阶段，根据以往的研究发现，森林的年龄与蚯
蚓的数量有密切的关系（Szlavecz et al.，2007）。在 2003 年和 2008
年，建立了 6 个 3 m×3 m 的凋落物处理实验样地，总占地面积 1.5
km²，共分为 3 个组：两个样地属于 Young，森林年龄为 60～74 a；两
个样地属于 Old，森林年龄为 113～132 a；两个样地属于 Mature，森
林年龄为>200 a(Ma et al.，2013)。

北美鹅掌楸（*Liriodendron tulipifera* L.）是这些森林年龄阶
段中数量最多的树种。在 Young 森林生态系统，主要的树种包
括北美鹅掌楸、枫香树（*Liquidambar styraciflua* L.）、红枫（*Acer
rubrum* L.）、山毛榉（*Fagus grandifolia* Ehrh.）。在 Old 森林生
态系统，主要的树种除了北美鹅掌楸，还包括山毛榉、几种橡树
（*Quercus* spp.）以及山核桃树（*Carya* spp.）。在 Mature 森林生
态系统，主要的树种除了北美鹅掌楸，还包括栗子树-栗树、白橡
树种（*Quercus alba*）、红橡木（*Quercus rubra*）、山毛榉、山核桃树
和山茱萸（*Cornus florida*）（Filley et al.，2008b；Szlavecz et al.，
2011）。在 SERC，凋落物的输入速率可以高达 330～450
g/(m²·a)，最少量为 272 g/(m²·a)（数据来于于 G.Parker，未
发表的数据）。

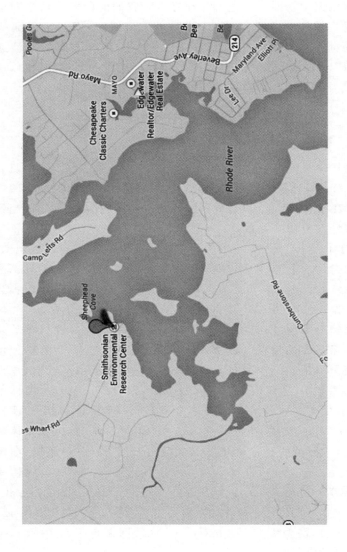

图 2.3 SERC 地理位置（来自谷歌地图）

在 SERC,自从 1999 年就开始对蚯蚓的种类和数量进行调查,共检测出 12 种蚯蚓的种类,其中包括 3 种本地的(native)、9 种外地入侵的(non-native)(Szlavecz et al.,2007),具体见表 2.1。

表 2.1   SERC 样地蚯蚓介绍

Species	Origin
Allolobophora chlorotica(Savigny,1826)	non-native
Aporrectodea caliginosa(Savigny,1826)	non-native
Aporrectodea rosea(Savigny,1826)	non-native
Bimastos palustris(Moore,1895)	native
Dendrobaena octaedra(Savigny,1826)	non-native
Dendrodrilus rubidus(Savigny,1826)	non-native
Eisenoides loennbergi(Michaelsen,1894)	native
Lumbricus friendi(Cognetti,1904)	non-native
Lumbricus rubellus(Hoffmeister,1843)	non-native
Octolasion cyaneum(Savigny,1826)	non-native
Octolasion lacteum(Orley,1881)	non-native
Diplocardia caroliniana(Eisen,1899)	native

外地入侵的种类出现在所有的连续演替的森林生态系统(Szlavecz et al.,2011),其中,*Lumbricus rubellus*、*Octolasion lacteum* 和 *Eisenoides loennbergi* 属于正蚓科,种类最多。长期的采样调查表明,蚯蚓的生物量和密度在 Young 样地远远高于 Old 样地,同时在 Mature 的样地未观察到蚯蚓(Crow et al.,2009;Filley et al.,2008b)。

该样地的土壤属于细砂壤土,Collington(fine-loamy,mixed,active,mesic Typic Hapludults)、Monmouth(fine,mixed,active,mesic Typic Hapludults)以及 Donlonton(fine,mixed,active,mesic Typic

Hapludults)形成于沉积土壤,来自于更新世沉积物(http://soils. usda.gov/technical/classification/osd/index.htmL)。矿物组成和土壤化学性质方面,这些样地具有很小的差异(Pierce,1974)。在 Mature 样地的平均 pH 为 5.4,连续样地的 pH 为 5.7(Szlavecz et al.,2007)。平均年降水量为 1 146 mm,年平均气温为 13 ℃(数据来自于 D. Correll、T. Jordan 和 J. Duls,未发表的数据)。

2.2.2 SERC 凋落物袋的布置与收集

在每年秋季,收集新鲜凋落完整的北美鹅掌楸凋落物,风干并保存。为了区分大型动物蚯蚓与细菌、真菌对凋落物降解的作用,凋落物分解实验在 6 个实验样地分开布置,每个年龄段 2 块样地,风干完整的一定数量凋落物分别置于不同孔径的凋落物袋内。凋落物袋的孔径分别为大孔径 8.2 mm、中孔径 3.6 mm 和小孔径 1 mm。一般界定 1 mm 的孔径可以阻止大型动物如蚯蚓的进入,8.2 mm 的孔径对大型的动物没有任何影响。因此,大孔径、中孔径和小孔径的凋落物袋可以分别代表完全自然状态、部分蚯蚓作用和没有蚯蚓作用。凋落物袋于 2008 年 12 月 9 日布置于地面上,每隔 2 个月,同一孔径的 3 个重复凋落物袋被收集,本研究主要展示分解 11 个月以后于 2009 年 11 月 6 日收集凋落物的结果。2013 年 5 月,完整的凋落物叶片和收集后凋落物袋中的残余物被置于 50 ℃的通风烘箱内 48 h 至烘干,称重,之后用研磨仪磨制成粉末状以备用。

2.3 碳氮及其稳定同位素分析

所有的植物和土壤样品,都进行测定碳氮元素的含量及其稳定同位素的值,利用 Sercon GSL 元素分析仪(EA)与 Sercon

Hydra 20/22 同位素比值质谱仪（IRMS）联用,采用连续流动模式,每个样品两个重复。具体的实验步骤为:

（1）用微电子天平称量一定质量的样品于锡杯中。

（2）将样品置于自动进样器中。

（3）调整仪器,准备上机。

软件的界面如图 2.4 所示。

本实验采用 peach leaf(PLs)作为标准物质,外标法确定参数的数值,其中标准物质的数值为:$\delta^{15}N = 1.5‰$,$\delta^{13}C = -26.1‰$,%C$=46.8$,%N$=2.84$,具体数据处理的过程为:

（1）利用测定的 PLs 作标准曲线,PLs 的质量为 0.5～2.0 mg。

（2）首先利用所测得到的所有 PLs 质量和辐射面积（Beam Area）来确定两者之间的正相关关系,N_2 和 CO_2 分别作图。正常来说两者之间的 R^2 在 0.99 左右,如若不是,则去除该异常的标准。

（3）利用 PLs 的标准碳氮含量%C$=46.8$、%N$=2.84$,分别计算出碳、氮质量,然后 CO_2 用 C 质量（mg）和辐射面积、N_2 用 N 质量（mg）和辐射面积作两者的相关曲线,分别记录相关系数,以及显著性水平的检验系数 R^2,保留至小数点后四位,如图 2.5 和图 2.6 所示。

（4）依据标准物质的稳定同位素值（PL:$\delta^{15}N = 1.5‰$,$\delta^{13}C = -26.1‰$）,计算测得的数值与标准值之间的偏差,即偏差=标准值 δ－测量值 δ,然后对 $\delta^{15}N$ 和 $\delta^{13}C$ 分别作偏差与辐射面积的相关性,趋势曲线有可能为对数函数,也有可能是二项二次函数,根据相关系数的大小判断属于哪种,但如若 R^2 小于 0.5,则没有对稳定同位素值的校正值,分别记录相关系数,以及显著性水平的检验系数 R^2,保留至小数点后四位,如图 2.7 和图 2.8 所示。

（5）利用上述所得的偏差与辐射面积的相关系数,分别计算 $\delta^{15}N$ 和 $\delta^{13}C$ 的校正值,因此,校正后的 δ 值为:

$$\delta \text{校正值} = \delta \text{测量值} + \delta \text{校正因子}$$

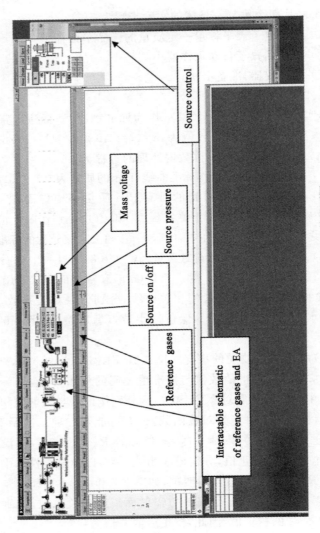

图 2.4 EA-IRMS 软件界面图

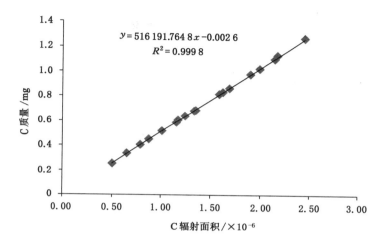

图 2.5 C 质量与 C 辐射面积(Beam Area)的校正曲线

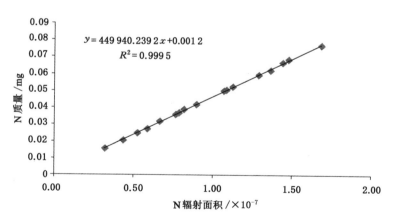

图 2.6 N 质量与 N 辐射面积(Beam Area)的校正曲线

（6）利用根据 PLs 得到的有关 C 质量（mg）和 N 质量（mg）的相关系数以及 $\delta^{15}N$ 和 $\delta^{13}C$ 的校正因子，分别计算出所测样品的数值。

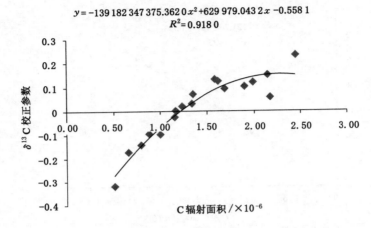

$$y = -139\,182\,347\,375.362\,0\,x^2 + 629\,979.043\,2\,x - 0.558\,1$$
$$R^2 = 0.918\,0$$

图 2.7　δ^{13}C 校正参数与 C 辐射面积(Beam Area)的校正曲线

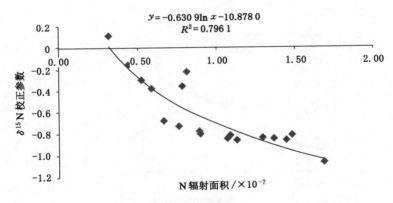

$$y = -0.630\,9\ln x - 10.878\,0$$
$$R^2 = 0.796\,1$$

图 2.8　δ^{15}N 校正参数与 N 辐射面积(Beam Area)的校正曲线

　　本方法测得的精确度为 δ^{15}N$=0.35‰$，δ^{13}C$=0.2‰$。由于本研究的研究区域 pH 比较低，因此，所测得的总碳量等同于有机碳量(organic carbon，OC)。

2.4 木质素和次级脂肪酸分析

植物和土壤样品中的有机碳组分木质素和次级脂肪酸的浓度采用碱性氧化铜（CuO）的方法测定（Filley et al.,2008b;Hedges et al.,1979）。

2.4.1 分析步骤

具体的分析步骤为：

（1）装载反应器。此阶段的目的为将样品、所需的反应物等集合至反应器里。

① 将洗净的不锈钢球置于反应器中。

② 称取(330±4) mg 的 CuO 于反应器。

③ 称取一定量的样品,保证含有 1.0～5.8 mg 的有机碳于反应器,但最大样品量不宜超过 300 mg。

④ 在每一批的样品中,插入 1～2 个标准物质 PLs,根据其含碳量,称取 13～13.4 mg。

⑤ 加入 25 ～ 50 mg 或 20 ～ 25 mg 六 水 硫 酸 亚 铁 铵 $(NH_4)_2Fe(SO_4)_2 \cdot 6H_2O$ 于反应器中,作为除氧剂。另外,对于含碳量较低(<0.2%)的土壤或沉积物,需加入 20～24 mg 的葡萄糖作为助溶剂。

⑥ 为了保持完好的密闭性,将饱满的 O 形圈塞进反应器的盖子里面。

（2）往反应器内充气。此阶段的目的为用氩气和氮气去除氧气(图 2.9)。

① 将充气用的适配器与氩气连接。

② 将氮气与充气用的玻璃喷头连接。

③ 将 8% (2 mol/L,250 mL)的 NaOH 溶液加入鼓气泡用的

图 2.9 往反应器内充气示意图

烧瓶中,并将玻璃喷头置于烧瓶底部。

④ 将已经装载好的反应器置于适配器中,并用盖子密封。

⑤ 将氩气通于适配器中,气速为 0.4～0.6 L/min,以去除空气中的氧气。

⑥ 将氮气通于装有 NaOH 溶液的烧瓶中,调节气速以保证连续的气泡产生,以去除溶液中的氧气。

⑦ 样品通气至少 30～45 min 或者通宵。

(3)密封反应器。此阶段的目的为密封反应器。

① 用移液枪移取约 2.6 mL 的 8% NaOH 溶液于反应器,静置 0.5 min。

② 再次用氩气往反应器通气约 15 min。

③ 将反应器严格密封,并保证不锈钢球可以在反应器里面自由地移动。

（4）氧化。此阶段的目的为促进氧化反应的进行。

① 将已经密封完好的反应器置于气相色谱仪的烘箱内（图 2.10），并使其处于旋转状态。

图 2.10　气相色谱仪烘箱示意图

② 利用气相色谱仪的编程程序，设定烘箱的升温程序为：开始设为 $T=27\ ℃$，升温速度为 $4.2\ ℃/min$，升温时间为 30 min；在 150 ℃保持 150 min。整个的程序时间为 180 min。

（5）萃取。此阶段的目的为将分解出来的木质素和次级脂肪酸单体萃取收集。

① 加入一定数量的乙基香草醛（ethyl vanillin）和 DL-12 作为内标于上述的反应器中。

② 利用离心机，萃取上清液于玻璃试管中，之后用 1 mol/L 的 NaOH 溶液清洗反应器两遍，以致完全萃取干净分解出的有机单体。

③ 利用 6 mol/L HCl 溶液调节上清液的 pH 值至 1.8～2.2。

④ 添加 2.5 g 已高温灼烧过的 NaCl 于试管中,上下混合。加入 NaCl 是为了改变表面张力,以达到溶液不利用单体存在的目的。

⑤ 利用乙酸乙酯(ethyl acetate)萃取单体(图 2.11)。

⑥ 在另外一批承接乙酸乙酯的新试管中,加入 1.8～2.2 mg 的 Na_2SO_4,其目的为去除乙酸乙酯溶液中残留的水分。加入的 Na_2SO_4 事先在烘箱内 100 ℃烘 10～15 min 以去除水分。

⑦ 用移液管将离心萃取完成的乙酸乙酯转移至已装有 Na_2SO_4 的新试管中,共萃取 3 次已达到完全萃取的目的,之后静置 15 min 以完全去除多余的水分(图 2.12)。

 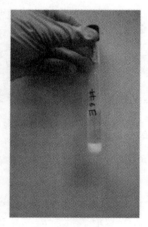

图 2.11　萃取阶段示意图　　　　图 2.12　静置阶段示意图

(6) 过滤。此阶段的目的为去除上述溶液中的 Na_2SO_4(图 2.13)。

① 准备一批高温灼烧过的玻璃小漏斗(直径约 35 mm),并用玻璃棉填充以收集 Na_2SO_4。

② 将上述的玻璃漏斗置于梨形蒸发瓶上。

③ 将上清液仔细地经过玻璃漏斗转移至梨形蒸发瓶内,用乙

图 2.13 转移阶段示意图

酸乙酯冲洗玻璃试管以达到完全转移的目的。

（7）浓缩。此阶段的目的为蒸发溶液，高度浓缩样品中的有机物。

① 利用旋转蒸发仪将梨形蒸发瓶中溶液浓缩至 1.5 mL 左右，随之转移至 4 mL 的衍生瓶中，用乙酸乙酯清洗梨形蒸发瓶两次，以达到完全转移至衍生瓶中的目的。

② 将衍生瓶置于氮吹仪下至吹干（图 2.14）。

图 2.14 氮吹阶段示意图

（8）衍生。

利用双（三甲基甲硅烷基）三氟乙酰胺（BSTFA）做衍生化试剂，吡啶做溶剂，70 ℃衍生 20～30 min，冷却至室温后立即上气相色谱质谱仪（GC-MS）进行测定，测得的数据采用内标法进行计算。

2.4.2　木质素和次级脂肪酸单体的分类

利用碱性氧化铜的方式可将木质素大分子分解生成单环酚类单体，主要包括 3 种：香草基（V）、丁香基（S）和肉桂基（Ci），此中 V 类单体包括香草醛（vanillin）、香草酮（acetovanillone）和香草酸（vanillic acid）；S 类单体包括丁香醛（syringealdehyde）、丁香酮（acetosyringone）和丁香酸（syringic acid）；Ci 类单体则包括对-香豆酸（p-hydroxycinnamic）和阿魏酸（ferulic acids）。通常认为 V、S 和 Ci 三类单体共 8 种酚类物质总和指示木质素的含量（SVCi-Lignin），以及 V 和 S 两类单体总和指示木质素的含量（SV-Lignin）。

衍生得到的 8 种次级脂肪酸单体的总和指示次级脂肪酸的含量（$\sum$SFA），具体包括 16-Hydroxyhexadecanoic acid（ω-C_{16}）、Hexadecane-1,16-dioic acid（C_{16}DA）、18-Hydroxyoctadec-9-enoic acid（ω-$C_{18:1}$）、9,16&10,16-Dihydroxyhexadecanoic acid（9&10,ω-C_{16}）、9-Octadecene-1,18-dioic acid（$C_{18:1}$DA）、7&8-Hydroxyhexadecandioic acid（7&8-$C_{16:1}$DA）、9,10,18-Trihydroxyoctadec-12-enoic acid（9,10,ω-$C_{18:1}$）和 9,10,18-Trihydroxyoctanoic acid（9,10,ω-C_{18}）。次级脂肪酸主要来自角质（cutin）和软木脂（suberin）酯类，可以通过有机溶剂或者皂化反应萃取得到（Nierop et al.，2003；Otto et al.，2006；Riederer et al.，1993）。尽管碱性氧化铜法萃取 $\sum$SFA 具有较低的萃取效率，但一般可以用于萃取土壤和植物中的 $\sum$SFA，尤其是高分子量的高

聚物（Crow et al.，2009；Ma et al.，2013）。以往研究总结得出，$9\&10,\omega\text{-}C_{16}$、$7\&8\text{-}C_{16:1}$ DA 和 $9,10,\omega\text{-}C_{18}$ 单体相对于根部来说，主要来自叶片组织，因此，这 3 种单体之和用 ΣCutin acids 表示，代表来自角质的次级脂肪酸；$\omega\text{-}C_{16}$、C_{16} DA、$\omega\text{-}C_{18:1}$ 和 $C_{18:1}$ DA 单体主要来自根部，因此，这 4 种单体之和用 ΣSuberin acids 表示，代表来自软木脂的次级脂肪酸（Crow et al.，2009）。单体的浓度以 mg compound/(100 mg OC)表示，每个样品用碱性 CuO 的方法分析 2 次。木质素和次级脂肪酸的精确度分别为 2％～5％和 2％～9％。

2.5 统计分析

2.5.1 氮添加单因子统计分析

我们的原始假设为氮添加对碳氮含量以及木质素、次级脂肪酸的浓度没有影响。由于现实条件的限制，我们的重复只有 4 个，因此为了降低潜在的误差，同时采用了 3 种统计方法对氮添加的作用进行评估，即单因素方差分析（One-way ANOVA）、t-检验和曼-惠特尼 U 检验（Mann-Whitney U Test），统计分析在 SPSS (V16.0)进行。即便如此，Ⅰ类错误和Ⅱ类错误均不可避免：当采用较高的 P 值，出现Ⅰ类错误的概率较大，意味着我们很可能拒绝原始假设；反之，当采用较低的 P 值时，出现Ⅱ类错误的概率较大，意味着我们很可能接受原始假设。当 $P \leqslant 0.050$ 时，认为存在显著性差异；当 P 值介于 0.050 和 0.100 时，认为存在显著性趋势；当 $P > 0.100$ 时，认为没有显著性差异。此研究采用的 3 种统计方法得到的 P 值相近，所以我们仅报道了 One-way ANOVA 的结果（表 2.2）。

表 2.2　One-way ANOVA、t-test 和 Mann-Whitney U Test
3 种统计方法 P 值比较

Parameters		One-way ANOVA	t-test	Mann-Whitney U Test
%C	L	0.157	0.157	0.306
	LD	0.212	0.212	0.243
	O	0.170	0.170	0.248
	MS	0.198	0.198	0.309
%N	L	0.142	0.142	0.110
	LD	0.719	0.719	0.564
	O	0.208	0.208	0.386
	MS	0.189	0.189	0.139
SVCi-Lignin /[mg/(100 mgOC)]	L	0.550	0.550	0.386
	LD	0.100*	0.100*	0.110
	O	0.933	0.933	1.000
	MS	0.118	0.118	0.110
$\sum$ SFA /[mg/(100 mgOC)]	L	0.474	0.474	0.386
	LD	0.681	0.681	0.773
	O	0.041**	0.041**	0.043**
	MS	0.579	0.579	0.468

注：＊代表 $P \leqslant 0.100$，＊＊代表 $P \leqslant 0.050$。

2.5.2　蚯蚓和森林年龄两因子统计分析

两因子方差分析（Two-factor ANOVA）方法被用来评估森林年龄（age）和凋落物袋孔径（size）代表蚯蚓的作用，利用一般线性模型（GLM）及 LSD 的 post hoc 统计分析，在 SPSS（V16.0）软件中进行。在统计分析时，忽略样地之间的差别，以重复处理数作为统计单位，即每个处理 6 个重复。当 $P < 0.050$ 时，认为存在显著性差异。统计结果显示，森林年龄和孔径两者之间没有交互作用，因此，代表交互作用的 P 值在此不做介绍。

CHAPTER
3

氮添加对长白山阔叶红松林凋落物和土壤中有机碳化学性质的影响

3.1 氮添加对蚯蚓种类和数量的影响

目前为止,对长白山地区蚯蚓的研究较少,可以说至今还没有系统的研究(吴纪华 等,1996;张荣祖 等,1980)。本研究于 2012 年 6 月采用方形土壤采集器的方法在对照和施氮样地对蚯蚓进行了调查研究(表 3.1)。本次共观察到 4 种类型的蚯蚓,分别为:赤子爱胜蚓(*Eisenia foetida*)、长白山杜拉蚓(*Drawida changbaiensis*)、环毛蚓(*Pheretima* sp.)和线蚓(*Enchytraeidae* spp.)。其中,*Eisenia foetida* 属于表栖类(epigeics);*Drawida changbaiensis* 属于内栖类(endogeics)和深土栖类(anecics);*Pheretima* sp.属于表栖类(epigeics);*Enchytraeidae* spp.属于蚯蚓的幼虫,因此暂时不能归属于生物功能群。通过鉴种和数量的调查显示,在对照和施氮样地,蚯蚓种类的密度分布模式相似,*Eisenia foetida* 蚯蚓种类的密度最大,可以达到 25 条/m^2;其次为 *Drawida changbaiensis* 种类,其密度可达到 6 条/m^2;*Pheretima* sp.的密度最小,甚至在施氮样地本次调查并未观察到该种类的蚯蚓。这 3 种功能群总的密度分别为对照样地 23 条/m^2、施氮样地 31 条/m^2,通过利用统计分析方法 One-way ANOVA 得知,在对照和施氮样地,本次调查结果显示,蚯蚓的密度并未受到施氮的影响,即对照和施氮样地两者的蚯蚓密度没有显著性差异。

表 3.1　　　　　　　　长白山样地蚯蚓种类和数量分布

种类	生态分类	对照[a]	氮添加[a]
赤子爱胜蚓 （*Eisenia foetida*）	表栖类	17.0 (9.5)	25.0 (23.6)
长白山杜拉蚓 （*Drawida changbaiensis*）	内栖类和深土栖类	5.0 (6.0)	6.0 (2.3)
环毛蚓（*Pheretima* sp.）	表栖类	1.0 (2.0)	0.0 (0.0)
线蚓（*Enchytraeidae* spp.）		31.0 (22.0)	49.0 (57.5)
总密度		23.0 (10.5)	31.0 (22.7)

[a] 数值为每种处理的 4 个样地平均值($n=4$);括号内为标准偏差。

蚯蚓的活动受到季节温度、土壤水分等环境因子的影响。以往研究表明,蚯蚓生态分布明显受到水分因子的制约,适合蚯蚓生存的土壤含水量范围大致为 40%~65%（黄初龙 等,2005）。同时,蚯蚓的生态分布还受到季节变化的影响（Crow et al.,2009）。因此,由于该研究只对蚯蚓的种类和密度调查了一次,对于本地区氮添加对蚯蚓的影响还需进一步的研究才能得出定论。

3.2 氮添加对碳氮含量的影响

在对照和施氮样地,C 浓度(%)随着土壤深度的增加而降低:新鲜凋落物(L)＞半分解枯枝落叶层(LD)＞O 层有机质层(O)＞0～15 cm 矿质土壤层(MS)。然而,氮添加对 C 浓度的影响,在 4 个层位均未呈现显著性差异:L:$P=0.157$;LD:$P=0.212$;O:$P=0.170$;MS:$P=0.198$。类似的,在氮添加的样地也未观察到 N 浓度显著性的增加:L:$P=0.142$;LD:$P=0.719$;O:$P=0.208$;MS:$P=0.189$(图 3.1)。C/N 比值也未受到氮添加的作用:L:$P=0.136$;LD:$P=0.512$;O:$P=0.785$;MS:$P=0.449$(图 3.2)。

施氮 6 年之后,在凋落物覆盖层和矿质土壤层(0～15 cm)均未观察到氮添加对碳和氮浓度的影响。此研究结果为以往的研究所观察到的现象提供了佐证,以往研究发现氮添加对森林覆盖层的作用存在变化,有可能起到增加的作用,也有可能起到降低的作用,或者没有显著变化(Knorr et al.,2005)。另外,以往研究展示出氮添加使碳浓度增加的现象,为大气氮是陆地生态系统碳累积的控制因子之一的假说提供了支持(Högberg,2007;Huang et al.,2011;Liu et al.,2010;Parton et al.,1987;Pregitzer et al.,2008;Thomas et al.,2013;Zak et al.,2008;Zhang et al.,2013)。该假说的根本为,氮增加能够引起微生物对凋落物降解作用的下降,其机制为对微生物氧化酶活性的影响(Frey et al.,2004;Olsson et al.,2005;Waldrop et al.,2004)。值得注意的是,氮沉降的增加能够导致植物生物量增加,其含有较低的 C/N,预示着在增加凋落物质量的基础上增加了分解速率(Nordin et al.,2005;Oren et al.,2001)。

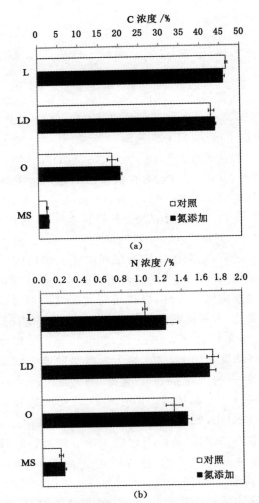

图 3.1　对照和施氮样地新鲜凋落物(L)、半分解枯枝落叶层(LD)、O 层有机质层(O)、0~15 cm 矿质土壤层(MS)中碳和氮浓度分布图(所显示的数值和误差棒代表每个处理 4 个重复的平均值和 1SE。＊代表在 $P \leqslant 0.100$ 时具有变化的趋势；＊＊代表在 $P \leqslant 0.050$ 时对照和氮添加具有显著差异)

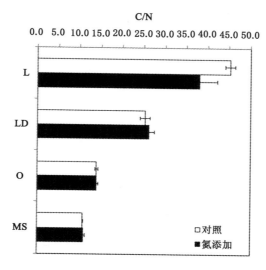

图 3.2　对照和施氮样地新鲜凋落物(L)、半分解枯枝落叶层(LD)、O 层有机质层(O)、0～15 cm 矿质土壤层(MS)中碳和氮比值分布图(所显示的数值和误差棒代表每个处理 4 个重复的平均值和 1SE。＊代表在 $P \leqslant 0.100$ 时具有变化的趋势；＊＊代表在 $P \leqslant 0.050$ 时对照和氮添加具有显著差异)

3.3　氮添加对碳氮稳定同位素的影响

碳稳定同位素($\delta^{13}C$)和氮稳定同位素($\delta^{15}N$)常被用来指示物质的来源。本研究中,$\delta^{13}C$ 值的变化范围为 $-27.6‰ \sim -25.3‰$,L、LD 和 O 层的值维持在 $-27‰$ 左右,而 MS 中 $\delta^{13}C$ 值显著增高,达到 $-25.3‰$(图 3.3)。氮添加对于这 4 个层位的 $\delta^{13}C$ 值没有显著影响:L:$P = 0.440$;LD:$P = 1.000$;O:$P = 1.000$;MS:$P = 0.437$。

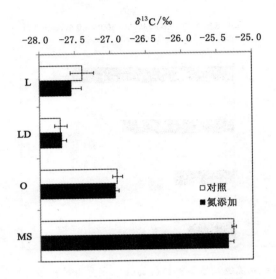

图 3.3 对照和施氮样地新鲜凋落物(L)、半分解枯枝落叶层(LD)、O 层有机质层(O)、0~15 cm 矿质土壤层(MS)中碳稳定同位素值(δ^{13}C) 分布图(所显示的数值和误差棒代表每个处理 4 个重复的平均值和 1SE。*代表在 $P \leqslant 0.100$ 时具有变化的趋势;* *代表在 $P \leqslant 0.050$ 时对照和氮添加具有显著差异)

在森林覆盖层和矿质土壤中,δ^{15}N 值的变化范围为 -1.6‰~ 5.5‰,随着土壤深度的增加呈现出增大的现象,其中,L 和 LD 层 δ^{15}N 值为负,约为 -1.0‰,在 O 层为 1.5‰左右,MS 层达到 5.5‰。 氮添加在 L 层对 δ^{15}N 的值没有显著影响($P = 0.895$),然而,在 LD 层,δ^{15}N 在氮添加的作用下显著增加积累($P = 0.039$),O($P = 0.688$)和 MS($P = 0.149$)并未观察到氮添加对 δ^{15}N 的影响。此研究结果说明,在 LD 层,δ^{15}N 的富集暗示了在氮添加的作用下,剩余了更多的 ^{15}N,更多的 ^{14}N 被吸收利用(图 3.4)。

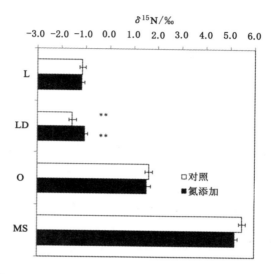

图 3.4 对照和施氮样地新鲜凋落物(L)、半分解枯枝落叶层(LD)、O 层有机质层(O)、0~15 cm 矿质土壤层(MS)中氮稳定同位素值(δ^{15}N)分布图(所显示的数值和误差棒代表每个处理 4 个重复的平均值和 1SE。＊代表在 $P \leqslant 0.100$ 时具有变化的趋势;＊＊代表在 $P \leqslant 0.050$ 时对照和氮添加具有显著差异)

3.4 氮添加对木质素浓度的影响

3.4.1 木质素单体、总浓度及相关参数的分布特征

在对照实验样地的凋落物层 L 至土壤矿物质层 MS,SVCi-Lignin 的浓度从 6.25 mg/(100 mgOC)降至 0.96 mg/(100 mgOC)(见表 3.2),在氮添加样地具有相似的变化趋势,按照 L>LD>O>

MS 的次序,SVCi-Lignin 的浓度从 6.08 mg/(100 mgOC)下降至 1.12 mg/(100 mgOC)。然而,仅在 LD 层呈现出氮添加对 SVCi-Lignin 积累的显著作用,其浓度有增加的趋势($P=0.100$),大约增加 5%。同时,在 MS 层,观察到氮添加促进木质素浓度增加 16%,虽然统计结果显示较弱($P=0.118$)。

表 3.2　对照和施氮样地新鲜凋落物(L)、半分解枯枝落叶层(LD)、O 层有机质层(O)、0～15 cm 矿质土壤层(MS)中可被 CuO 萃取的木质素浓度(SVCi-Lignin)、次级脂肪酸浓度(∑SFA)和两者之间的比值(SVCi-Lignin/∑SFA)分布(所显示的数值代表每个处理 4 个重复的平均值和 1SE。* 代表在 $P \leqslant 0.100$ 时具有变化的趋势;** 代表在 $P \leqslant 0.050$ 时对照和氮添加具有显著差异)

		对照	氮添加	P
SVCi-Lignin /[mg/(100 mgOC)]	L	6.25±0.11	6.08±0.25	0.550
	LD	5.72±0.12	6.00±0.08	0.100*
	O	4.08±0.27	4.04±0.29	0.933
	MS	0.96±0.07	1.12±0.05	0.118
∑SFA /[mg/(100 mgOC)]	L	4.55±0.30	4.90±0.33	0.474
	LD	2.92±0.27	3.12±0.39	0.681
	O	0.76±0.02	0.88±0.04	0.041**
	MS	0.73±0.06	0.68±0.05	0.579
SVCi-Lignin/∑SFA	L	1.39±0.07	1.25±0.05	0.168
	LD	2.02±0.17	2.02±0.25	0.981
	O	5.35±0.26	4.68±0.47	0.268
	MS	1.37±0.20	1.68±0.16	0.271

　　木质素的三种单体 V、S 和 Ci,一般认为 V 只来源于维管植物,于是被作为区分维管植物和非维管植物的参数;被子植物会产生 S

类酚类,而裸子植物一般不会含有该类单体,因此,S 和 S/V 被作为区分被子植物和裸子植物的参数;被子植物和裸子植物的非木质组织能够产生 Ci 类酚类,而木质类组织则不含有该类单体(Hedges et al.,1979)。本研究区域,3 种单体的浓度为 V>S>Ci,V 类单体的浓度最高,Ci 类单体的浓度最低(图 3.5)。从凋落物层(L)至 0～15 cm 矿质土壤层(MS),3 种单体的浓度均依次下降:V 类单体浓度从 3.5 mg/(100 mgOC)下降至 0.5 mg/(100 mgOC);S 类单体浓度从 1.8 mg/(100 mgOC)下降至 0.3 mg/(100 mgOC);Ci 类单体浓度从 1.0 mg/(100 mgOC)下降至 0.2 mg/(100 mgOC)。氮添加对于 3 种单体 V、S 和 Ci 在 4 个层位均未呈现出显著性影响。

Ci 类单体与 V 类单体浓度的比值(Ci/V),一般随着分解而下降,然而如果草类组织所占的比例增加,两者之间的比值也有可能增加,一般来说,主要来自被子植物的非木质部分(Hedges et al.,1979)。在本研究中,在凋落物和土壤剖面层,Ci/V 展现出不同的响应。例如,在对照实验样地,从凋落物 L 层至 O 层,Ci/V 值从 0.29 下降至 0.13[图 3.6(a)],但在矿质土壤层(MS)增加至 0.39。在整个土壤剖面,氮添加对 Ci/V 没有显著影响。S 类单体与 V 类单体浓度的比值(S/V),一般被用来区别来自被子植物和裸子植物的有机物,被子植物含有高浓度的 S 类酚类,而裸子植物几乎没有该类酚类(Hedges et al.,1979)。本研究结果显示,S/V 的值在各个层位展现出一致的现象,保持在 0.5 左右,并且并未观察到氮添加的作用[图 3.6(b)]。

在 V 类和 S 类单体中,酸醛比(Ac/Al$_V$、Ac/Al$_S$)一般被用来指示木质素的降解程度,随着微生物对木质素的降解,Ac/Al$_V$ 和 Ac/Al$_S$ 呈现出增加的趋势(Ertel et al.,1984;Hedges et al.,1988)。在对照和施氮样地,随着土壤深度增加,从森林凋落物(L)到矿物质层(MS),两类单体的酸醛比逐渐增加,在 L 层为 0.18,至矿质土壤层(MS)为 0.80。氮添加的作用展示为,在 L 层

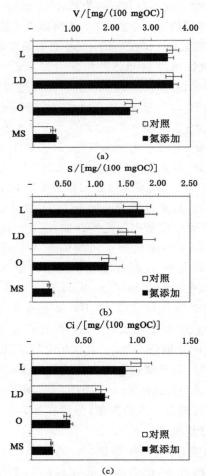

图 3.5 对照和施氮样地新鲜凋落物(L)、半分解枯枝落叶层(LD)、O 层有机质层(O)、0~15 cm 矿质土壤层(MS)中的木质素单体香草基类单体 V、丁香基类单体 S 和肉桂基类单体 Ci 分布图(所显示的数值和误差棒代表每个处理 4 个重复的平均值和 1SE。* 代表在 $P \leqslant 0.100$ 时具有变化的趋势;** 代表在 $P \leqslant 0.050$ 时对照和氮添加具有显著差异)

对 Ac/Al$_V$ 和 Ac/Al$_S$ 均未有显著性影响,然而在氮添加的作用下,与对照样地相比 LD 层 Ac/Al$_V$ 呈现出降低的现象($P = 0.067$)。在 MS 层,氮添加条件下 Ac/Al$_V$ 和 Ac/Al$_S$ 均有下降的趋势,但并不显著,P 值分别为 0.307 和 0.349[图 3.6(c)、(d)]。

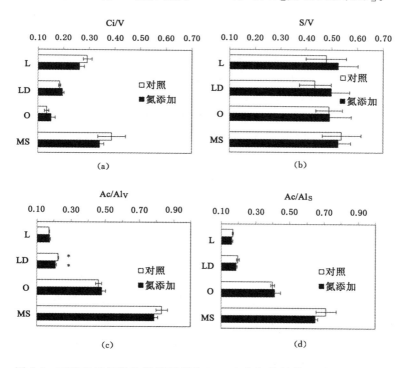

图 3.6　对照和施氮样地新鲜凋落物(L)、半分解枯枝落叶层(LD)、O 层有机质层(O)、0~15 cm 矿质土壤层(MS)中的 Ci/V、S/V、Ac/Al$_V$ 和 Ac/Al$_S$ 分布图(所显示的数值和误差棒代表每个处理 4 个重复的平均值和 1SE。＊代表在 $P \leqslant 0.100$ 时具有变化的趋势;＊＊代表在 $P \leqslant 0.050$ 时对照和氮添加具有显著差异)

3.4.2 氮添加对木质素分解的抑制作用

在长白山施氮样地,2006 年开始施氮,2012 年采样,样地总共经历了 6 年的施氮处理,木质素的浓度展现出微弱的变化,仅在 LD 层和 MS 层呈现出增加的趋势。氮添加的作用下,木质素浓度增加的现象与现有关于氮添加作用的报道一致:在森林生态系统,氮添加能够导致木质素和次级腐殖酸物质累积的现象(Janssens et al.,2010;Knorr et al.,2005)。同时最近研究显示,在长期氮添加处理的样地木质素降解酶的活性下降(Edwards et al.,2011)。然而,目前有关森林生态系统对氮添加作用的响应的报道错综复杂,其他研究并未发现木质素的降解动力学与氮添加的关系,也未发现与木质素降解酶活性的关系(Thomas et al.,2012)。

在 LD 层和 MS 层,木质素的浓度在氮添加的作用下呈现增加的趋势,因此推断,在其中间层 O 层,木质素的浓度也应该呈现出增加的现象,然而事实上,在 O 层我们并未观察到氮添加促使木质素浓度增加的趋势。由此推断,在 LD、O 和 MS 层,生物高聚体具有不同的生物化学过程;或者木质素碎片被选择性移动,从 L 和 LD 层通过物理混合或者土壤动物的运输作用,被输送至 MS 层(Hernes et al.,2007;Ma et al.,2013)。本研究结果显示,在氮添加的作用下木质素浓度仅呈现出微小的变化,这可能与本实验设计本身有关,即施氮处理只有 6 年时间上的限制因素。因此,在以后研究周转周期比较长的有机碳库,如木质素停留时间在 10 年以上的组分,开展长时间的实验处理有一定的必要性。

可以作为指示木质素酚类来源的 Ci/V 和 S/V 值,随着土壤深度展现出不同的变化,但是均为观察到与氮添加相关的变化。S/V 的值在整个土壤剖面,从凋落物 L 层至矿物质 MS 层,在对照和施氮样地,均保持为 0.5 左右,暗示了在矿物质层,主要来自被子植物的凋落物或者草类的组织结构。Ci/V 的比值展现出随深度而变化的分布趋势,即在森林覆盖层呈下降的趋势,然而在 MS 层陡然增加的现象,该趋势很可能同时被物理和化学过程控制,可溶性的 Ci 类酚类来自森林覆盖层,随之被矿质土壤所吸附,此原理已经在其他森林和草地生态系统中被提出(Hernes et al.,2013;Hernes et al.,2007)。在各个层位均未观察到氮添加对Ci/V比值的影响,说明木质素在 LD 的积累过程影响了易于水解的 Ci 类单体,以及木质素的其他组分,能够分解释放出V类的单体结构。

木质素大分子被微生物分解的过程中,一般伴随着 Ac/Al_V 和 Ac/Al_S 比值的增加(Ertel et al.,1984;Kögel,1986)。因此,伴随着木质素浓度的累积,应呈现出木质素较低的分解状态阶段,即 Ac/Al 的比值应该比较低,然而,即使在 LD 和 MS 层我们观察到氮添加作用下木质素浓度在一定程度地增加,Ac/Al 的比值并没有呈现出相关的变化。我们所得的结果,在某方面与现在的结果相矛盾:在美国的 Duke 森林生态系统和二次轮作的 Pinusradiata 生态系统,氮添加的条件下,土壤中的木质素单体 Ac/Al 比值具有增加的现象(Feng et al.,2010;Huang et al.,2011),暗示了增加了土壤中木质素的降解,或者将酸性的木质素酚类选择性地转移至矿质土壤中,从而提高了 Ac/Al 的比值。综上可知,氮添加对生物化学组分的作用很可能具有特定的生态系统本身的性质,以及与该生态系统中的微生物群落结构有关。

3.5 氮添加对次级脂肪酸浓度的影响

3.5.1 次级脂肪酸及相关参数的分布特征

在对照和施氮样地,次级脂肪酸($\sum SFA$)的浓度在森林覆盖层和土壤中的分布模式与木质素 SVCi-Lignin 相似,按照 L>

LD>O>MS 的次序,依次下降,其数值从 4.90 mg/(100 mgOC)下降至 0.68 mg/(100 mgOC)(图 3.7)。在各个层位,∑SFA 的浓度均低于 SVCi-Lignin 的浓度(图 3.8)。在 O 层,∑SFA 的浓度在氮添加作用下显著性高于对照样地($P=0.041$),同时,在 L 和 LD 层,在氮添加的作用下∑SFA 的浓度有增加的趋势,但是并未呈现显著性差异,P 值分别为 0.474 和 0.681。

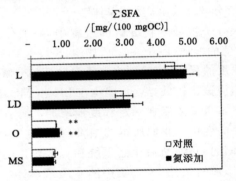

图 3.7 对照和施氮样地新鲜凋落物(L)、半分解枯枝落叶层(LD)、O 层有机质层(O)、0~15 cm 矿质土壤层(MS)中的∑SFA 分布图(所显示的数值和误差棒代表每个处理 4 个重复的平均值和 1SE。＊代表在 $P \leqslant 0.100$ 时具有变化的趋势；＊＊代表在 $P \leqslant 0.050$ 时对照和氮添加具有显著差异)

在本研究中,角质类次级脂肪酸(∑Cutin acids)和软木脂类次级脂肪酸(∑Suberin acids)的浓度随着土壤深度而降低[图 3.9(a)、(b)],∑Cutin acids 的浓度变化范围为 4.0~0.4 mg/(100 mgOC),∑Suberin acids 的浓度变化范围为 1.0~0.3 mg/(100 mgOC)。在各个层位,∑Cutin acids 的浓度均高于∑Suberinacids 的浓度。同时,∑Cutin acids 在整个次级脂肪酸中所占的比例从凋落物层 L 层至矿质土壤层 MS 层呈下降的趋

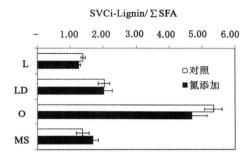

图 3.8 对照和施氮样地新鲜凋落物（L）、半分解枯枝落叶层（LD）、O 层有机质层（O）、0～15 cm 矿质土壤层（MS）中的 SVCi-Lignin/$\sum$SFA 分布图（所显示的数值和误差棒代表每个处理 4 个重复的平均值和 1SE。＊代表在 $P \leqslant 0.100$ 时具有变化的趋势；＊＊代表在 $P \leqslant 0.050$ 时对照和氮添加具有显著差异）

势，从 0.8 下降至 0.5；而 $\sum$Suberin acids 所占的比例随着土壤深度的增加呈现出增加的现象，从 0.2 上升至 0.4[图 3.9(c)、(d)]。在土壤 O 层，$\sum$Cutin acids 的浓度在氮添加的作用下显著增加（$P = 0.020$），其在 $\sum$SFA 中所占的比例在 L 层和 O 层氮添加的作用下均呈现出显著增加的现象（$P = 0.039$ 和 0.018），此现象在 MS 层并未观察到，即氮添加对 $\sum$Cutin acids 在 $\sum$SFA 中所占的比例在 MS 层没有显著的作用。与之相对应的，在整个森林覆盖层和土壤剖面，$\sum$Suberin acids 的浓度并未受到氮添加的作用，但由于软木脂类的次级脂肪酸主要来自根部，因此其在整个次级脂肪酸中所占的比例在 L 层的氮添加作用下，呈现出下降的趋势（$P = 0.072$）[图 3.9(d)]。

3.5.2 氮添加对次级脂肪酸的积累作用

与木质素的总浓度相似，整体来说，氮添加对 $\sum$SFA 的浓度

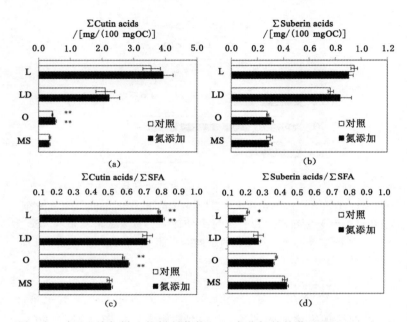

图 3.9 对照和施氮样地新鲜凋落物（L）、半分解枯枝落叶层（LD）、O 层有机质层（O）、0～15 cm 矿质土壤层（MS）中的 ∑Cutin acids、∑Suberin acids、∑Cutin acids 在∑SFA 中所占的比例和∑Suberin acids 在∑SFA 中所占的比例分布图（所显示的数值和误差棒代表每个处理 4 个重复的平均值和 1SE。＊代表在 $P \leqslant 0.100$ 时具有变化的趋势；＊＊代表在 $P \leqslant 0.050$ 时对照和氮添加具有显著差异）

没有显著性作用的影响，仅在 O 层观察到显著性增加的现象。此现象很可能是由在 O 层也呈现显著性增加的主要来自角质的次级脂肪酸引起的，然而，在 L 和 LD 层并未观察到相同的变化趋势，因此，在 O 层累积的角质次级脂肪酸可能是被抑制降解而引起的积累，或者选择性被从 LD 层运输至 O 层。以往研究发现，在泥炭生态系统中，氮添加对土壤中水解酶的活性具有副作用，即抑制作用（Yao et al.，2009）。然而，在其他泥炭生态系统的表层，氮沉降的增加反而刺激了水解酶和氧化酶的活性，以至于促进了沼泽植物凋落物的降解（Bragazza et al.，2012）。

一个值得注意的有趣的动力学现象为，在对照和施氮样地的LD、O和MS层，木质素总浓度SVCi-Lignin和次级脂肪酸$\sum$SFA的浓度从新鲜凋落物衰减的途径迥异。因此，SVCi-Lignin/$\sum$SFA的值也呈现出明显的变化：从LD（约2.02）、O（约5.02）至MS（约1.53）。从L层至O层，木质素的浓度呈现出缓慢下降的趋势，直至MS层其浓度下降了4倍，从约4 mg/（100 mgOC）下降至约1 mg/（100 mgOC）。与此相反，从L层至O层，$\sum$SFA的浓度下降了4倍，从约3.0 mg/（100 mgOC）下降至约0.8 mg/（100 mgOC），从O层至MS层大致保持稳定不变。在此展现出的木质素和次级脂肪酸截然不同的变化趋势，说明两者具有不同的分解和累积的区域，此现象在其他森林生态系统中也已经被阐述过（Crow et al.，2009；Filley et al.，2008b；Ma et al.，2013）。其主要的原理为，在矿质土壤中，木质素的酚类不易被吸附（Mikutta et al.，2006；Nicolai，1988），然而，黏土具有积累脂肪类单体的作用（Chefetz，2007；Nierop et al.，2003）。软木脂在次级脂肪酸中所占的比例在MS层呈现出增加的现象，可能与在该层的土壤有机物中具有更多的根部输入或者更稳定的根部组织有关。除此之外，主要来自角质的次级脂肪酸在O层显著增加的现象，暗示了氮添加很可能抑制了叶片角质的降解，以至于总的次级脂肪酸浓度在该层具有显著累积的现象，其原因有待于进一步的研究确定。

CHAPTER 4

蚯蚓和森林年龄对 SERC 凋落物中有机碳化学性质的影响

4.1 凋落物碳氮含量及其稳定同位素的分布特征受蚯蚓和森林年龄的影响

原始完整的北美鹅掌楸凋落物叶片中碳含量为 43.9%。经过 11 个月的凋落物袋分解之后，碳含量下降至 41.0%（图 4.1）；同时，经过 11 个月分解后氮的含量介于 0.64% 和 1.20% 之间，高于原始完整凋落物中氮的含量（0.57%）（图 4.2）。

分解之前凋落物中 C/N 比值为 77.0（图 4.3），11 个月野外凋落物袋中分解后，下降至 37.6～65.6。同时，碳稳定同位素的值（δ^{13}C）的变化范围为 −29.0‰ 与 −27.8‰ 之间，相对于原始凋落物中的碳稳定同位素值有缺少 ^{13}C 的现象，即比原始凋落物中 δ^{13}C 的值更低，完整凋落物中 δ^{13}C 的值为 −28.1‰，此现象在 Mature 的森林生态系统中尤为显著（图 4.3）。

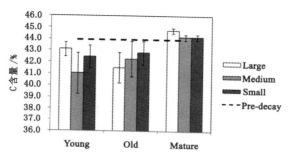

图 4.1 SERC 样地新鲜凋落物（Pre-decay）和分解凋落物在 3 个森林年龄阶段（Young、Old 和 Mature）和不同孔径（Large、Medium 和 Small）凋落物袋中碳浓度分布图（所显示的数值和误差棒代表每个处理 6 个重复的平均值和 1SE）

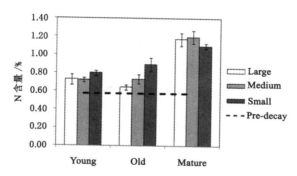

4.2 SERC 样地新鲜凋落物（Pre-decay）和分解凋落物在 3 个森林年龄阶段（Young、Old 和 Mature）和不同孔径（Large、Medium 和 Small）凋落物袋中氮浓度分布图（所显示的数值和误差棒代表每个处理 6 个重复的平均值和 1SE）

随着森林年龄（age）增加，C 含量（$P = 0.019$）、N 含量（$P < 0.001$）、C/N 值（$P < 0.001$）和 δ^{13}C 的值（$P = 0.002$）均呈现出显著性的变化。在凋落物袋中分解 11 个月后，在 3 个阶段的森林年龄生

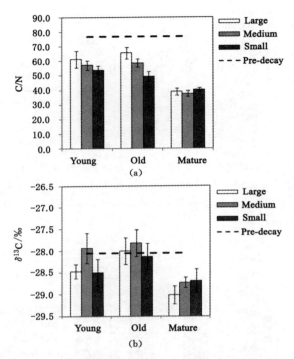

图 4.3 SERC 样地新鲜凋落物（Pre-decay）和分解凋落物在 3 个森林年龄阶段（Young、Old 和 Mature）和不同孔径（Large、Medium 和 Small）凋落物袋中碳氮比值和 δ^{13}C 分布图（所显示的数值和误差棒代表每个处理 6 个重复的平均值和 1SE）

态系统中，C 含量（$P=0.019$）和 N 含量（$P<0.001$）都在 Mature 的森林生态系统中呈现最高值。相对应的，与 Young（$P<0.001$）和 Old（$P<0.001$）森林生态系统相比，C/N 值在 Mature 森林生态系统中显著性降低。碳稳定同位素 δ^{13}C 的值，相对于 Young（$P=0.025$）和 Old（$P<0.001$）森林生态系统来说，也在 Mature 森林生态系统中呈现出显著性减低的趋势（表 4.1）。

表 4.1　SERC 样地新鲜凋落物（Pre-decay）和分解凋落物在 3 个森林年龄阶段（Young、Old 和 Mature）和不同孔径（Large、Medium 和 Small）凋落物袋中有机物浓度和化学组成分布模式（数值和误差值代表每个处理 6 个重复的平均值和 1SE，* 代表在 $P<0.050$ 时具有显著差异）

| | Whole Leaf | Young | | | Old | | | Mature | | | P values from Two-way ANOVA | |
	Pre-decay	Large	Medium	Small	Large	Medium	Small	Large	Medium	Small	Age	Size
C/%	43.9	43.1±0.6	41.0±1.8	42.5±1.0	41.5±1.3	42.3±1.5	42.8±1.0	44.7±0.2	44.2±0.2	44.2±0.3	0.019*	0.687
N/%	0.57	0.73±0.06	0.72±0.02	0.80±0.03	0.64±0.03	0.73±0.05	0.89±0.08	1.17±0.07	1.20±0.07	1.10±0.03	<0.001*	0.179
Abundance of compounds [mg/(100 mgOC)]　V	1.35	2.69±0.22	2.78±0.13	2.50±0.28	3.30±0.31	2.42±0.25	2.78±0.46	1.74±0.12	1.38±0.06	1.44±0.07	<0.001*	0.127
Ci	0.52	0.30±0.08	0.24±0.04	0.36±0.07	0.26±0.05	0.22±0.02	0.33±0.03	0.59±0.07	0.54±0.02	0.70±0.13	<0.001*	0.059
S	3.90	6.05±0.56	6.73±0.35	6.15±0.68	8.62±1.07	6.25±0.85	7.28±1.49	3.98±0.53	3.13±0.14	3.83±0.43	<0.001*	0.419
SV-Lignin	5.26	8.73±0.74	9.51±0.48	8.66±0.95	11.92±1.36	8.67±1.10	10.07±1.94	5.72±0.64	4.51±0.19	5.27±0.50	<0.001*	0.332
SVC-Lignin	5.78	9.03±0.79	9.75±0.45	9.02±0.98	12.18±1.39	8.89±1.09	10.40±1.94	6.31±0.69	5.05±0.21	5.97±0.57	<0.001*	0.323
ΣSFA	2.59	1.22±0.19	1.69±0.46	2.43±0.38	2.86±1.19	1.52±0.23	3.25±0.68	6.08±1.12	4.30±0.23	8.90±2.38	<0.001*	0.023*

然而,碳、氮含量及 $\delta^{13}C$ 的值在 3 种不同的凋落物袋孔径中并没有显著性的差异,均未受到凋落物袋孔径大小的影响,即蚯蚓的作用不显著。但 C/N 的比值随着凋落物袋孔径的增大而呈现出显著性增加的现象($P=0.031$),即相对于 Small size 的数值来说,在 Large size 的值显著升高($P=0.009$)。

4.2 蚯蚓和森林年龄条件下凋落物生物化学组成的分布特征

在该研究区域,凋落物袋中的北美鹅掌楸凋落物叶片木质素中的 S 类单体酚类含量最多,经过 11 个月的分解之后,浓度介于 $3.13\sim8.62$ mg/(100 mgOC),高于分解之前完整凋落物中 S 类单体的含量,即 3.90 mg/(100 mgOC)(图 4.4)。V 类单体的浓度变化范围为 $1.38\sim3.30$ mg/(100 mgOC),也高于分解之前完整凋落物中 V 类单体的含量,即 1.35 mg/(100 mgOC)(图 4.4)。Ci 类单体在木质素的 3 种单体中的浓度最低,经过 11 个月凋落物袋中凋落物分解,其浓度下降至 $0.22\sim0.70$ mg/(100 mgOC),低于未分解的完整凋落物中的浓度,即 0.52 mg/(100 mgOC)(图 4.4)。

完整北美鹅掌楸凋落物叶片中,总木质素的浓度 SV-Lignin 和 SVCi-Lignin 分别为 5.26 mg/(100 mgOC)和 5.78 mg/(100 mgOC)。经过 11 个月的分解,两者的浓度均有升高的现象,SV-Lignin 和 SVCi-Lignin 分别达到 $4.51\sim11.92$ mg/(100 mgOC)和 $5.05\sim12.18$ mg/(100 mgOC)(图 4.5)。

木质素类的单体之间的比值,Ci/V 在完整凋落物中为 0.39,经过 11 个月的野外凋落物分解后下降至 $0.08\sim0.49$ 的范围内。与之变化趋势相悖,S/V 在完整凋落物中为 2.88,经过 11 个月的野外凋落物分解后下降并且保持在 2.50 左右。木质素 V 和 S 类

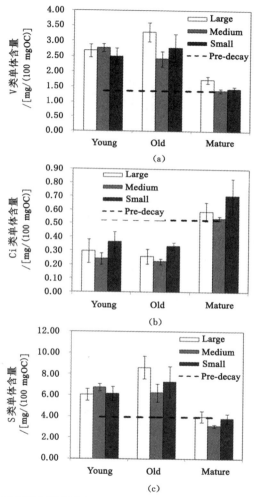

图 4.4 SERC 样地新鲜凋落物（Pre-decay）和分解凋落物在 3 个森林年龄阶段（Young、Old 和 Mature）和不同孔径（Large、Medium 和 Small）凋落物袋中木质素单体香草基类单体 V、肉桂基类单体 Ci 和丁香基类单体 S 分布图（所显示的数值和误差棒代表每个处理 6 个重复的平均值和 1SE）

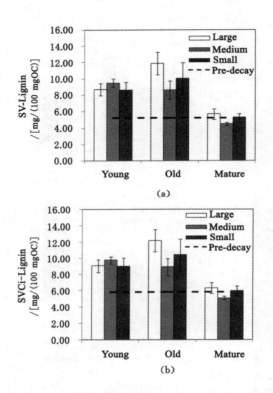

图 4.5 SERC 样地新鲜凋落物（Pre-decay）和分解凋落物在 3 个森林年龄阶段（Young、Old 和 Mature）和不同孔径（Large、Medium 和 Small）凋落物袋中代表总木质素浓度的 SV-Lignin 和 SVCi-Lignin 分布图（所显示的数值和误差棒代表每个处理 6 个重复的平均值和 1SE）

单体中的酸醛比，Ac/Al_V 和 Ac/Al_S，在完整的凋落物中分别为 0.25 和 0.21。经过 11 个月的凋落物分解之后，Ac/Al_V 呈现出微弱的下降趋势，然而，Ac/Al_S 基本没有变化，没有受到分解过程的影响（图 4.6）。

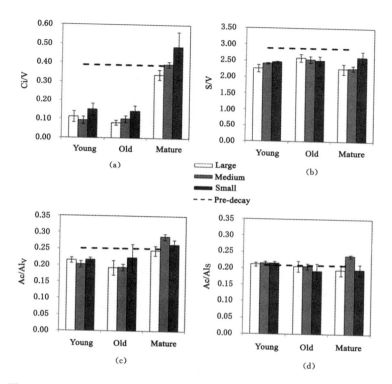

图 4.6 SERC 样地新鲜凋落物（Pre-decay）和分解凋落物在 3 个森林年龄阶段（Young、Old 和 Mature）和不同孔径（Large、Medium 和 Small）凋落物袋中 Ci/V、S/V、Ac/Al$_V$ 和 Ac/Al$_S$ 分布图（所显示的数值和误差棒代表每个处理 6 个重复的平均值和 1SE）

次级脂肪酸的浓度（Σ SFA）在完整凋落物中为 2.59 mg/（100 mgOC），经过凋落物袋内 11 个月的分解，ΣSFA 的浓度呈现出上升的趋势，于 1.22 mg/（100 mgOC）和 8.90 mg/（100 mgOC）之间变化（图 4.7）。

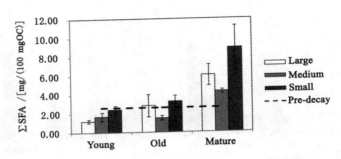

图 4.7 SERC 样地新鲜凋落物（Pre-decay）和分解凋落物在 3 个森林年龄阶段（Young、Old 和 Mature）和不同孔径（Large、Medium 和 Small）凋落物袋中次级脂肪酸浓度（$\sum$SFA）分布图（所显示的数值和误差棒代表每个处理 6 个重复的平均值和 1SE）

　　除此之外，木质素和次级脂肪酸的浓度之比，SVCi-Lignin/$\sum$SFA，经过分解后也呈现出上升的现象，高达 0.84～8.65 之间，而完整的凋落物中，SVCi-Lignin/$\sum$SFA 的值仅为 2.25（图 4.8）。

　　森林年龄的作用：在以上所介绍的参数中，除了 S/V 和 Ac/Al$_s$ 之外，木质素的 3 种单体 V、Ci 和 S，木质素总浓度 SV-Lignin 和 SVCi-Lignin 以及 Ci/V、Ac/Al$_v$、$\sum$SFA 和 SVCi-Lignin/$\sum$SFA 均被森林年龄显著性影响（均为 $P<0.001$）。其中，V、S、SV-Lignin、SVCi-Lignin 和 SVCi-Lignin/$\sum$SFA，相对于 3 种年龄阶段的森林生态系统来说，在 Mature 的森林生态系统中值最低（$P<0.001$）。与之相反，Ci、Ci/V、Ac/Al$_v$ 和 $\sum$SFA 在 Mature 的森林生态系统中值最高（$P<0.001$）。

　　凋落物袋孔径即蚯蚓的作用：在 3 种不同的凋落物袋孔径中，大孔径 8.2 mm 代表完全自然状态、中孔径 3.6 mm 代表部分蚯蚓作用和小孔径 1 mm 代表没有蚯蚓作用。统计结果显示，仅有 3 个参

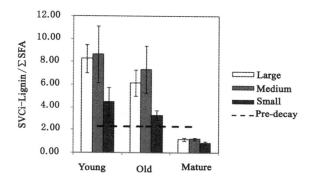

图 4.8　SERC 样地新鲜凋落物（Pre-decay）和分解凋落物在 3 个森林年龄阶段（Young、Old 和 Mature）和不同孔径（Large、Medium 和 Small）凋落物袋中 SVCi-Lignin/$\sum$SFA 比值分布图（所显示的数值和误差棒代表每个处理 6 个重复的平均值和 1SE）

数 Ci/V（$P=0.014$）、$\sum$SFA（$P=0.023$）和 SVCi-Lignin/$\sum$SFA（$P=0.023$）在不同的凋落物袋孔径中显示出显著的差异。Ci/V 的值在小孔径的凋落物袋条件下高于大孔径（$P=0.005$）和中孔径（$P=0.030$）的凋落物袋中的值。然而，SVCi-Lignin/$\sum$SFA 的值在小孔径的凋落物袋条件下低于大孔径（$P=0.034$）和中孔径（$P=0.010$）的凋落物袋中的值。次级脂肪酸的浓度 $\sum$SFA 在小孔径的凋落物袋中显著高于中孔径的凋落物袋中的浓度（$P=0.007$）。

4.3　蚯蚓对凋落物分解过程的影响

在不同凋落物袋孔径大小的作用下，经过 11 个月的野外凋落物袋内分解，碳氮含量、木质素的总浓度 SVCi-Lignin 和木质素单体含量均未有显著性变化。一般认为，小孔径的凋落物袋不允许蚯蚓的进入，即在小孔径凋落物袋内的凋落物分解过程基本没有蚯蚓的作用，因此，该结果反映了蚯蚓对这些参数没有显著性的作用。这与以往所得到的结论不一致，以往的研究发现蚯蚓能够促进森林覆盖层和土壤中碳含量的损失（Bohlen et al.，2004b；Crow et al.，2009）、氮矿化及反硝化速率（Nebert et al.，2011）。且在高丰度的蚯蚓数，并没有观察到木质素酚类的积聚（Crow et al.，2009；Filley et al.，2008b）。其中一种解释为，蚯蚓引起的木质素的变化有可能经过接近一年的分解作用，随着分解过程而消失；或者也有另外一种可能，由于木质素属于难降解组分，即 11 个月的分解过程中蚯蚓的作用不足以引起木质素的变化。因此，为了更好地研究蚯蚓在整个凋落物分解过程中的作用，时间序列的实验设计和开展具有一定的必要性，蚯蚓在凋落物分解过程中的作用有可能随着时间而变化。

然而，凋落物袋孔径的大小对 Ci/V、$\sum$SFA 和 SVCi-Lignin/$\sum$SFA 三者，经过 11 个月的分解之后，呈现出显著性的变化。Ci/V 和 $\sum$SFA 在小孔径的凋落物袋中呈现出增加的现象，指示蚯蚓引起了 Ci/V 和 $\sum$SFA 的降低。Ci/V 的值是区分非木质类组织和木质类组织的参数，一般认为随着凋落物的分解，Ci/V 比值有降低的趋势（Hedges et al.，1979）。该研究结果与过去短时间的凋落物分解实验研究结果一致，展示出来自角质和软木脂的有机碳类次级脂肪酸浓度在高蚯蚓地区有下降的现象（Filley et al.，2008b）。与之相对应的，SVCi-Lignin/$\sum$SFA 比值在小孔径的凋落物袋内比较低，可能与 $\sum$SFA 的浓度在小孔径的凋落物袋内比较高有关。

对于在高蚯蚓数的作用下，$\sum$SFA 的浓度有降低现象的控制机制为：

（1）蚯蚓体内不含有降解木质素类的酶类，不具有降解木质素的能力，因此，显示出的结果为蚯蚓数量高的区域，木质素被相对积聚。

（2）由于蚯蚓在森林覆盖层具有粉碎、运输和混合凋落物的作用，因此，在高蚯蚓数量的连续演替的森林生态系统，蚯蚓的该类活动会限制森林覆盖层 O 层的积累，从而导致 O 层浅，在其中生存的真菌类生物量显著下降（Fahey et al.，2011；Jayasinghe et al.，2009）。然而，木质素类生物高聚体的降解主要是腐生生物担子菌类真菌的作用，尤其是白腐真菌（Filley，2003；Filley et al.，2002）。

（3）最后一点为，蚯蚓本身更优先利用脂肪类的物质，具有降解该类物质的酶类，会优先降解脂肪类的物质（Filley et al.，2008b）。

这一特性也可以通过蚯蚓优先降解主要来自非木质类的 Ci 类木质素予以证明（Hedges et al.，1979）。Ci/V 的值在高蚯蚓区比较低，然而，在 Mature 森林生态系统，即没有蚯蚓的样地，Ci/V 的值显著性增高。该研究结果进一步证实了，在自然生态系统中，脂肪类生物高聚体比芳香族类生物高聚体更稳定（Amelung et al.，2008）。

4.4　森林年龄对凋落物分解过程中碳氮的影响

在 Mature 森林生态系统，经过 11 个月的凋落物袋内凋落物分解，凋落物中的碳含量显著高于 Young 和 Old 年龄阶段的森林生态系统。该分布模式与土壤剖面中的分布模式相似：在 Young 森林生态系统中，伴随着比较高的蚯蚓的数量，平均的 C 浓度（wt％，质量分数）显著低于 Old 和 Mature 森林生态系统中的 C 浓度，该样地的土壤中的研究结果已有报道（Ma et al.，2013）。

凋落物中氮的浓度在 Mature 森林生态系统中显著高于 Young 和 Old 森林生态系统，并且经过 11 个月的分解之后，凋落物中氮的含量显著高于完整凋落物中氮的含量。在 Mature 森林生态系统中,11 个月降解后的凋落物残余物中的 $\delta^{13}C$ 值显著低于 Young 和 Old 森林生态系统中 $\delta^{13}C$ 的值。由于越难降解的物质通常含有更多的 ^{13}C (Dümig et al.,2013;Natelhoffer,1988),表明在 Mature 的森林生态系统中,积聚了更多的难降解的物质。这与以往在糖枫为主的森林生态系统中的研究结果一致,该结果显示木质素中含有更少的 ^{13}C,相对于植物的其他组织而言(Bohlen et al.,2004b)。

由于在不同孔径凋落物袋中的研究结果显示,在此研究区域,蚯蚓的存在并未引起凋落物分解过程中碳和氮含量的变化,没有显著性的作用,因此,观察到的森林年龄的作用可能有两种原因:

(1)其他凋落物分解者,如细菌和真菌,在凋落物分解的过程中起着很重要的角色(Hobara et al.,2014;Steven et al.,2014),并且在不同的森林年龄的森林生态系统中,细菌和真菌的组成和群落结构可能不同(Schmidt et al.,2014;Voříšková et al.,2014)。此现象或许是蚯蚓长期的非直接的作用,蚯蚓的存在会影响微生物的数量和组成。例如,以往研究发现,在 Mature 森林生态系统,没有蚯蚓的存在,因此积聚了较厚的森林覆盖层,具有大量的真菌生物量,能够固持无机氮,使 Mature 森林生态系统中凋落物的分解过程起到富集凋落物中氮含量的作用(Dempsey et al.,2011)。

(2)另外,其他的物理影响因子,例如土壤湿度、土壤温度和土壤 pH,也有可能影响凋落物的分解过程(A'Bear et al.,2014;Sylvain et al.,2014)。

因而,我们的研究结果显示,凋落物中碳和氮的含量在 Mature 森林生态系统中显著高于 Young 和 Old 年龄阶段的森林生态系统,并且该差异很可能是由蚯蚓存在情况下而起到的间接作用,而并不是直接的摄食作用。

4.5 森林年龄对凋落物分解过程中木质素和次级脂肪酸的影响

经过 11 个月的凋落物袋内的凋落物分解作用,木质素的单体 V 和 S 类在 Mature 森林生态系统中显著低于 Young 和 Old 的森林生态系统。同时,SV-Lignin、SVCi-Lignin 和 SVCi-Lignin/$\sum$SFA 也展现出随着森林年龄而下降的分布模式。该趋势与该研究区域矿质土壤中的分布趋势一致(Ma et al.,2013)。随着微生物对木质素的降解活动,Ac/Al 的值将会增加(Ertel et al.,1984;Kögel,1986)。在我们的研究结果中,Ac/Al$_V$ 在 Mature 森林生态系统中显著高于 Young 和 Old 森林生态系统。这与在 Mature 森林生态系统中 V 类单体浓度较低相一致。综上,这些研究结果表明,在 Mature 森林生态系统中,木质素类的生物高聚体被消耗。由此推断,降解木质素的腐生担子菌真菌在 Mature 森林生态系统中生物量较多。其他的研究显示,在连续演替的年轻的森林生态系统中,由于有限的 O 层厚度,或者土壤 pH 等其他特性的改变,促使真菌的生物量下降(Fahey et al.,2011;Jayasinghe et al.,2009;Ma et al.,2013)。

不同孔径的凋落物袋研究结果显示,经过 11 个月的凋落物分解过程,蚯蚓的存在显著性降低了 Ci/V 的值。此现象在 Mature 森林生态系统中也被观察到,Ci/V 的值(约 0.4)显著高于其他两个年龄阶段的森林生态系统。这可能是因为在 Mature 森林生态系统中不含有蚯蚓的状态下,具有更多的优先降解木质类组织的真菌和细菌生物量(Cleveland et al.,2014;Kim et al.,2014)。

$\sum$SFA 的浓度随着森林年龄而呈增加的现象,这与所观察到的在不同凋落物袋孔径中所呈现的结果一致。因此,蚯蚓存在促进了$\sum$SFA 的分解,此结论在该研究区域的矿质土壤中(Ma et al.,2013)和其他研究区域也被观察到(Nakajima et al.,2005)。该研究结果再次确认了蚯蚓在凋落物中有机物的分解过程中,能够使有机物的组分由脂肪类向芳香族类转移(Filley et al.,2008b)。

脂肪物质和芳香族物质是保持有机碳长期稳定性的重要组成部分,并且一般来说,脂肪类生物高聚体比芳香族生物高聚体更难降解(Filley et al.,2008a)。因此,在 Young 森林生态系统中由于蚯蚓的存在促进了ΣSFA 类物质的损失,有可能加速了有机碳的分解速率,导致缩短了土壤有机碳的停留时间。值得注意的是,经过 11 个月的凋落物袋内凋落物的分解过程,木质素的总浓度(SVCi-Lignin)和次级脂肪酸的浓度(ΣSFA)均高于原始的完整新鲜凋落物中的浓度,指示了凋落物中的其他碳组分,如碳水化合物和纤维素等,比木质素和脂肪类组分更容易分解(Schmidt et al.,2011),并且木质素和次级脂肪酸的降解速率小于总有机碳的降解速率。

4.6 分解过程中凋落物质量随时间序列的变化

在 3 个不同森林年龄 Young、Old 和 Mature 的森林生态系统,伴随着不同的蚯蚓数量高、低和无蚯蚓的状况,经过 11 个月的凋落物袋内凋落物的分解过程,在 Young 森林生态系统即高蚯蚓和 Old 森林生态系统低蚯蚓的条件下,凋落物的质量仅剩余约10%(图 4.9 和图 4.10);然而,在 Mature 森林生态系统无蚯蚓的条件下,凋落物的质量剩余 40%～60%(图 4.11)。由此说明,森林年龄对凋落物的分解速率具有重要的影响。

值得注意的是,凋落物经过 11 个月分解之后,在 Young 和Old 森林生态系统中,3 个不同凋落物袋孔径的剩余凋落物量基

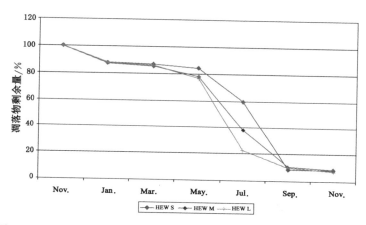

图 4.9 SERC 样地在 Young 森林年龄阶段（High Earthworm：HEW）中 3 个凋落物袋孔径大小（L、M 和 S）中的凋落物剩余量随时间变化的序列 分布图（所显示的数值和误差棒代表每个处理 6 个重复的平均值和 1SE）

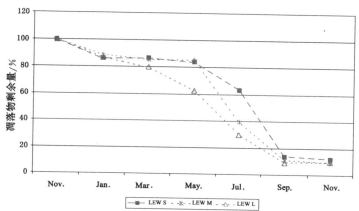

图 4.10 SERC 样地在 Old 森林年龄阶段（Low Earthworm：LEW）中 3 个凋落物袋孔径大小（L、M 和 S）中的凋落物剩余量随时间变化的序列分 布图（所显示的数值和误差棒代表每个处理 6 个重复的平均值和 1SE）

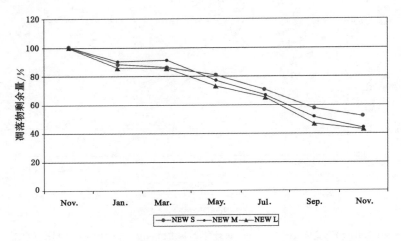

图 4.11　SERC 样地在 Mature 森林年龄阶段（No Earthworm：NEW）中 3
个凋落物袋孔径大小（L、M 和 S）中的凋落物剩余量随时间变化的序列分
布图（所显示的数值和误差棒代表每个处理 6 个重复的平均值和 1SE）

本相同；然而，在 Mature 森林生态系统中，小孔径内的剩余量显
著高于大孔径和中孔径内的剩余量。

凋落物在分解过程中剩余质量的分布模式：

（1）在 Young 和 Old 森林生态系统中基本相似，从开始投放
至 2009 年 3 月，3 种凋落物袋孔径中剩余的凋落物量基本一致，
约为 85%，但随后，分解速率显著增高，并且 3 种不同孔径的凋落
物袋的剩余量呈现出显著的差异，直至 2009 年 9 月，3 种不同孔
径凋落物袋中的剩余量又回归至基本一致，约为 10%，之后几个
月直至 2009 年 11 月的剩余量基本不变。因此，在本研究中，所报
道的 2009 年 11 月的结果，并未观察到凋落物袋孔径在凋落物分
解过程中造成的显著性差异，为了探究凋落物袋孔径不同在凋落
物分解过程中所起到的作用，即蚯蚓的作用，开展短时间内的连续
时间序列研究具有重要的必要性。

（2）在 Mature 森林生态系统中，相对于 Young 和 Old 森林生态系统，其分解速率较为缓慢，但分解速率最大值也大致出现在 2009 年 3 月之后，直至 2009 年 11 月。从开始投放至本研究的最终点 2009 年 11 月，3 种凋落物袋孔径对剩余的凋落物量基本没有影响，呈现出相同的剩余量，暗示了在该无蚯蚓研究区域，凋落物的分解过程中没有受到凋落物袋孔径即蚯蚓的作用。

CHAPTER
5

结论与展望

5.1 结论

5.1.1 氮添加的作用

总的来说,森林生态系统对氮添加的响应是一个复杂的过程,伴随着各种不同的研究报道。本研究结果显示:

(1) 在整个森林覆盖层和矿质土壤层,短期的实验模拟氮沉降的过程,并未引起总碳和氮的显著性变化。

(2) 然而,在半分解枯枝落叶层(LD)和 0～15 cm 矿质土壤层(MS),可被碱性氧化铜方法萃取的木质素酚类总浓度(SVCi-Lignin)在氮添加样地产生初期微弱增加的趋势,约增加 5%～16%;在新鲜表层凋落物(L)和 O 层并未观察到氮添加的作用。

(3) 表征木质素降解程度的参数,酸醛比(Ac/Al),在整个森林覆盖层和土壤剖面,并未呈现出受到氮添加的显著影响,这与木质素的浓度仅呈现出微弱的变化相一致。

(4)可被碱性氧化铜萃取的次级脂肪酸总浓度(ΣSFA),整体来说在森林覆盖层和土壤层并未观察到氮添加的显著作用,除了在 O 层展现出微弱但显著性的增加,约 16%。

5.1.2　蚯蚓和森林年龄的作用

本研究借助于原位的野外凋落物袋内的凋落物分解实验,探究了凋落物分解 11 个月后土壤动物蚯蚓和森林年龄对凋落物化学的影响。

(1)整体来说,在本研究中并未观察到蚯蚓对凋落物组分组成的影响,即并未观察到碳和氮浓度、木质素总浓度(SVCi-Lignin)和各种单体受到蚯蚓的作用。

(2)然而,次级脂肪酸的总浓度(ΣSFA)在小孔径凋落物袋中显著高于中孔径的凋落物袋,这与蚯蚓更优先降解脂肪类物质有关。

(3)森林年龄对这些参数具有显著性的作用。总碳和氮的浓度在 Mature 森林生态系统显著高于 Young 和 Old 森林生态系统。

(4)木质素的总浓度(SVCi-Lignin)在 Mature 森林生态系统显著低于 Young 和 Old 森林生态系统,同时,代表木质素降解程度的酸醛比(Ac/Al)参数在 Mature 森林生态系统显著高于 Young 和 Old 森林生态系统。

(5)次级脂肪酸的总浓度(ΣSFA)随着森林年龄的增加而增加,暗示了在含有大量蚯蚓的 Young 森林生态系统中,在蚯蚓或者其他影响因子作用下,促进了ΣSFA 的降解。

5.2 展望与不足

5.2.1 氮添加研究中的不足和展望

在森林生态系统中的凋落物和土壤层,木质素(SVCi-Lignin)和次级脂肪酸($\sum$SFA)浓度的变化主要是由微生物的降解、转移和吸附等动力学的共同作用,并未观察到氮添加的显著作用。我们的研究结果与以往的部分研究结果相一致,即短时间的氮添加实验并未引起土壤和凋落物特性的显著变化,但我们的研究结果为分子动力学提供了额外的支持:木质素酚类和次级脂肪酸等生物高聚体的变化,可能与抑制微生物分解的过程有关。结合本研究所得的结论,长时间的氮添加实验,即长达十年之上,在探究凋落物和土壤中的分子动力学和特性具有重要的必要性。

5.2.2 蚯蚓和森林年龄研究中的不足和展望

本研究所观察到的蚯蚓对凋落物化学的影响结果与以往的研究结果不一致。其原因可能是本研究中凋落物的分解周期 11 个月太长,从而不能够积累呈现出蚯蚓所引起的差异,或者也有可能是 11 个月的分解周期对于蚯蚓的降解速率来说不够长,不能够及时反映出蚯蚓的作用。据此,为了探究蚯蚓在整个凋落物分解过程中的作用,需要开展长时间序列的研究,蚯蚓所起到的作用可能随着时间而变化。

森林年龄对凋落物化学具有重要的影响。究其原因有可能是在不同年龄阶段的森林生态系统,控制凋落物降解的机制不同,尤其是微生物细菌和真菌的组成和群落结构,或者土壤的其他性质对凋落物分解过程的影响作用。在 Mature 森林生态系统被显著降解的 SVCi-Lignin 浓度与在 Young 和 Old 森林生态系统中被限制的 O 层厚度,导致真菌生物量的下降或者其他性质如土壤 pH 的改变,从而造成木质素在 Young 和 Old 森林生态系统中的积累。同时,ΣSFA 的浓度在 Young 和 Old 森林生态系统显著减低,这种在凋落物分解过程中,在森林年龄的影响下,凋落物中组成成分在芳香族类物质和脂肪类物质的转移,有可能改变有机碳的长期稳定性。

参 考 文 献

郭剑芬,杨玉盛,陈光水,等,2006.森林凋落物分解研究进展[J].林业科学,42(4):93-100.

黄初龙,黄初齐,张雪萍,2005.帽儿山森林生态系统蚯蚓生态分布研究[J].生态学杂志,24(1):9-14.

李德军,莫江明,方运霆,等,2003.氮沉降对森林植物的影响[J].生态学报,23(9):1891-1900.

李靖,1999.土壤中有机质的作用[J].平原大学学报,16(4):54-55.

刘颖,韩士杰,林鹿,2009.长白山四种森林类型凋落物动态特征[J].生态学杂志,28(1):7-11.

吕超群,田汉勤,黄耀,2007.陆地生态系统氮沉降增加的生态效应[J].植物生态学报,31(2):205-218.

王凤友,1989.森林凋落量研究综述[J].生态学进展,6(2):82-89.

王建林,曹志洪,1993.根际营养环境与持续农业[J].植物生理学通讯,29(5):329-336.

王建林,陶澜,吕振武,1998.西藏林芝云杉林凋落物的特征研究[J].植物生态学报,22(6):566-570.

文启孝,1989.我国土壤有机质和有机肥料研究现状[J].土壤学报,26(3):255-261.

吴辉,郑师章,1992.根分泌物及其生态效应[J].生态学杂志,11

(6):42-47.

吴纪华,孙希达,1996.长白山杜拉属蚯蚓一新种(寡毛纲:链胃蚓科)[J].四川动物,15(3):98,99,117.

杨美华,1981.长白山的气候特征及北坡垂直气候带[J].气象学报,39(3):311-320.

俞穆清,朱颜明,田卫,等,1999.长白山国家级自然保护区旅游与环境可持续发展研究[J].地理科学,19(2):189-192.

张国,曹志平,胡婵娟,2011.土壤有机碳分组方法及其在农田生态系统研究中的应用[J].应用生态学报,22(7):1921-1930.

张荣祖,杨明宪,陈鹏,等,1980.长白山北坡森林生态系统土壤动物初步调查[J].森林生态系统研究,(1):133-152.

A′BEAR A D, JONES T H, KANDELER E, et al., 2014. Interactive effects of temperature and soil moisture on fungal-mediated wood decomposition and extracellular enzyme activity [J].Soil Biology and Biochemistry,70:151-158.

ABER J,MCDOWELL W,NADELHOFFER K,et al.,1998.Nitrogen saturation in temperate forest ecosystems[J]. BioScience,48(11): 921-934.

AERTS R,1997. Climate, leaf litter chemistry and leaf litter decomposition in terrestrial ecosystems:a triangular relationship [J].Oikos,79(3):439-449.

ALBAN D H,BERRY E C,1994.Effects of earthworm invasion on morphology, carbon, and nitrogen of a forest soil[J]. Applied Soil Ecology:A Section of Agriculture,Ecosystems & Environment,1(3): 243-249.

AMELUNG W,BRODOWSKI S,SANDHAGE-HOFMANN A, et al.,2008.Combining biomarker with stable isotope analyses for assessing the transformation and turnover of soil organic matter

[J].Advances in Agronomy,100:155-250.

ASNER G P, ARCHER S, HUGHES R F, et al., 2003. Net changes in regional woody vegetation cover and carbon storage in Texas drylands,1937-1999[J].Global Change Biology,9:316-335.

BALDOCK J A,SKJEMSTAD J O,2000.Role of the soil matrix and minerals in protecting natural organic materials against biological attack[J].Organic Geochemistry,31(7-8):697-710.

BOHLEN P J, GROFFMAN P M, FAHEY T J, et al., 2004a. Ecosystem consequences of exotic earthworm invasion of north temperate forests [J].Ecosystems,7(1):1-12.

BOHLEN P J, PELLETIER D M, GROFFMAN P M, et al., 2004b. Influence of earthworm invasion on redistribution and retention of soil carbon and nitrogen in northern temperate forests[J].Ecosystems,7(1):13-27.

BOUCHÉ M B, 1977. Strategies lombriciennes [J]. Ecological Bulletins,(25):122-132.

BRAGAZZA L,BUTTLER A,HABERMACHER J,et al.,2012. High nitrogen deposition alters the decomposition of bog plant litter and reduces carbon accumulation [J]. Global Change Biology,18(3):1163-1172.

BROWN G G, DOUBE B M, 2004. Functional interactions between earthworms,microorganisms,organic matter,and plants [M].Boca Raton,FL:CRC Press:213-240.

CARBONE M S, TRUMBORE S E, 2007. Contribution of new photosynthetic assimilates to respiration by perennial grasses and shrubs: residence times and allocation patterns [J]. New Phytologist,176(1):124-135.

CHAPIN III F S,MATSON P A,MOONEY H A,2002.Principles of

terrestrial ecosystem ecology [M].New York:Springer-Verlag.

CHEFETZ B,2007.Decomposition and sorption characterization of plant cuticles in soil[J].Plant and Soil,298(1/2):21-30.

CLEVELAND C C,REED S C,KELLER A B,et al.,2014.Litter quality versus soil microbial community controls over decomposition: a quantitative analysis[J]. Oecologia, 174 (1): 283-294.

CORNWELL W K,CORNELISSEN J H,AMATANGELO K,et al.,2008.Plant species traits are the predominant control on litter decomposition rates within biomes worldwide [J]. Ecology Letters,11(10):1065-1071.

CORTEZ J,1998.Field decomposition of leaf litters:relationships between decomposition rates and soil moisture,soil temperature and earthworm activity [J]. Soil Biology & Biochemistry,30(6): 783-793.

CROW S E, FILLEY T R, MCCORMICK M, et al., 2009. Earthworms,stand age,and species composition interact to influence particulate organic matter chemistry during forest succession [J]. Biogeochemistry,92(1/2):61-82.

DAI L M,CHEN G,DENG H B,et al.,2002.Storage dynamics of fallen trees in a mixed broadleaved and Korean pine forest[J]. Journal of Forestry Research,13(2): 107-110.

DAI L M,JIA J,YU D P,et al.,2013.Effects of climate change on biomass carbon sequestration in old-growth forest ecosystems on Changbai Mountain in Northeast China[J].Forest Ecology and Management,300:106-116.

DALAL R C,CHAN K Y,2001.Soil organic matter in rainfed cropping systems of the Australian cereal belt[J].Soil Research,

39(3):435-464.

DEMPSEY M A, FISK M C, FAHEY T J, 2011. Earthworms increase the ratio of bacteria to fungi in northern hardwood forest soils, primarily by eliminating the organic horizon [J]. Soil Biology & Biochemistry,43(10):2135-2141.

DIXON R K, TURNER D P, 1991. The global carbon cycle and climate change: responses and feedbacks from below-ground systems[J].Environmental Pollution,73(3-4):245-262.

DUCE R A, LAROCHE J, ALTIERI K, et al., 2008. Impacts of atmospheric anthropogenic nitrogen on the open ocean [J]. Science,320(5878):893-897.

DÜMIG A, RUMPEL C, DIGNAC M-F, et al., 2013. The role of lignin for the δ^{13}C signature in C_4 grassland and C_3 forest soils [J]. Soil Biology and Biochemistry,57:1-13.

EDWARDS I P, ZAK D R, KELLNER H, et al., 2011. Simulated atmospheric N deposition alters fungal community composition and suppresses ligninolytic gene expression in a northern hardwood forest [J]. PLoS One,6(6):e20421.

EPRON D, NGAO J, DANNOURA M, et al., 2011. Seasonal variations of belowground carbon transfer assessed by in situ (CO_2)-C-13 pulse labelling of trees [J]. Biogeosciences Discussions,8(5):1153-1168.

ERTEL J R, HEDGES J I, 1984. The lignin component of humic substances: Distribution among soil and sedimentary humic, fulvic, and base-insoluble fractions [J]. Geochimica et Cosmochimica Acta,48(10):2065-2074.

EWEL K C, CROPPER W P JR, GHOLZ H L, 1987. Soil CO_2 evolution in Florida slash pine plantations. Ⅱ. Importance of root

respiration[J]. Canadian Journal of Forest Research, 17 (4):
330-333.

FAHEY T J, YAVITT J B, SHERMAN R E, et al., 2011.
Transport of carbon and nitrogen between litter and soil organic
matter in a northern hardwood forest[J]. Ecosystems, 14 (2):
326-340.

FENG X J, SIMPSON A J, SCHLESINGER W H, et al., 2010.
Altered microbial community structure and organic matter
composition under elevated CO_2 and N fertilization in the Duke
forest [J].Global Change Biology,16(7):2104-2116.

FILLEY T R,2003.Assessment of Fungal Wood Decay by Lignin
Analysis Using Tetramethylammonium Hydroxide (TMAH)
and [13] C-Labeled TMAH Thermochemolysis [M]//ACS
Symposium Series 845.ACS Publications:119-139.

FILLEY T R, BOUTTON T W, LIAO J D, et al., 2008a.
Chemical changes to nonaggregated particulate soil organic
matter following grassland-to-woodland transition in a
subtropical savanna[J].Journal of Geophysical Research. Part G:
Biogeosciences,113:G03009.

FILLEY T R, CODY G D, GOODELL B, et al., 2002. Lignin
demethylation and polysaccharide decomposition in spruce sapwood
degraded by brown rot fungi [J]. Organic Geochemistry, 33 (2):
111-124.

FILLEY T R, MCCORMICK M K, CROW S E, et al., 2008b.
Comparison of the chemical alteration trajectory of Liriodendron
tulipifera L. leaf litter among forests with different earthworm
abundance[J].Journal of Geophysical Research: Biogeosciences,
113(1):G01027:1-G01027:14.

FOG K, 1988. The effect of added nitrogen on the rate of decomposition of organic matter[J]. Biological Reviews, 63(3): 433-462.

FOWLER D, COYLE M, FLECHARD C, et al., 2001. Advances in micrometeorological methods for the measurement and interpretation of gas and particle nitrogen fluxes[J]. Plant and Soil, 228(1):117-129.

FREY S D, KNORR M, PARRENT J L, et al., 2004. Chronic nitrogen enrichment affects the structure and function of the soil microbial community in temperate hardwood and pine forests[J]. Forest Ecology and Management, 196(1):159-171.

GALLOWAY J N, COWLING E B, 2002. Reactive nitrogen and the world: 200 years of change[J]. AMBIO: A Journal of the Human Environment, 31(2):64-71.

GALLOWAY J N, DENTENER F J, CAPONE D G, et al., 2004. Nitrogen cycles: past, present, and future[J]. Biogeochemistry, 70 (2):153-226.

GARCIA-PAUSAS J, CASALS P, ROMANYÀ J, 2004. Litter decomposition and faunal activity in Mediterranean forest soils: effects of N content and the moss layer[J]. Soil Biology and Biochemistry, 36(6):989-997.

GHASHGHAIE J, BADECK F W, LANIGAN G, et al., 2003. Carbon isotope fractionation during dark respiration and photorespiration in C_3 plants[J]. Phytochemistry Reviews, 2(1-2):145-161.

GRAEDEL T E, HAWKINS D T, CLAXTON L D, 1986. Atmospheric chemical compounds: sources, occurrence and bioassay[M]. London: Academic Press.

GRAYSTON S J, VAUGHAN D, JONES D, 1997. Rhizosphere

carbon flow in trees, in comparison with annual plants: the importance of root exudation and its impact on microbial activity and nutrient availability [J].Applied Soil Ecology : a Section of Agriculture, Ecosystems & Environment, 5(1): 29-56.

GREGORICH E G, BEARE M H, MCKIM U F, et al., 2006. Chemical and biological characteristics of physically uncomplexed organic matter[J].Soil Science Society of America Journal, 70 (3):975-985.

GUAN D-X, WU J-B, ZHAO X-S, et al., 2006.CO_2 fluxes over an old, temperate mixed forest in northeastern China [J]. Agricultural and Forest Meteorology, 137(3-4): 138-149.

HAMMEL K E, 1997. Fungal degradation of lignin [M]// CADISCH G, GILLER K E.Driven by nature: Plant litter quality and decomposition.Wallingford:CAB International:33-46.

HASSETT J E, ZAK D R, BLACKWOOD C B, et al., 2009. Are Basidiomycete Lacease Gene Abundance and Composition Related to Reduced Lignolytic Activity Under Elevated Atmospheric NO_3^- Deposition in a Northern Hardwood Forest [J]? Microbial Ecology, 57(4):728-739.

HAYNES R J, 2005. Labile organic matter fractions as central components of the quality of agricultural soils: an overview[J]. Advances in Agronomy, 85:221-268.

HEDGES J I, BLANCHETTE R A, WELIKY K, et al., 1988. Effects of fungal degradation on the CuO oxidation products of lignin: A controlled laboratory study [J]. Geochimica et Cosmochimica Acta, 52(11):2717-2726.

HEDGES J I, MANN D C, 1979. The characterization of plant tissues by their lignin oxidation products [J]. Geochimica et

Cosmochimica Acta,43(11):1803-1807.

HENDRIKSEN N B,1990.Leaf litter selection by detritivore and geophagous earthworms [J]. Biology and Fertility of Soils, 10 (1):17-21.

HENEGHAN L, STEFFEN J, FAGEN K, 2007. Interactions of an introduced shrub and introduced earthworms in an Illinois urban woodland: Impact on leaf litter decomposition [J]. Pedobiologia,50(6):543-551.

HERNES P J, KAISER K, DYDA R Y, et al. ,2013. Molecular trickery in soil organic matter: hidden lignin[J].Environmental Science & Technology,47(16):9077-9085.

HERNES P J, ROBINSON A C, AUFDENKAMPE A K,2007. Fractionation of lignin during leaching and sorption and implications for organic matter " freshness" [J]. Geophysical Research Letters,34:L17401.

HOBARA S, OSONO T, HIROSE D, et al. ,2014. The roles of microorganisms in litter decomposition and soil formation [J]. Biogeochemistry,118(1-3):471-486.

HOLLAND E A, DENTENER F J, BRASWELL B H, et al. , 1999. Contemporary and pre-industrial global reactive nitrogen budgets [J].Biogeochemistry,46(1-3):7-43.

HU S, FIRESTONE M K, CHAPIN F S, 1999. Soil microbial feedbacks to atmospheric CO_2 enrichment [J].Trends in Ecology & Evolution,14(11):433-437.

HUANG Z,CLINTON P W,BAISDEN W T,et al. ,2011.Long-term nitrogen additions increased surface soil carbon concentration in a forest plantation despite elevated decomposition [J].Soil Biology and Biochemistry,43(2):302-307.

HYMUS G J, MASEYK K, VALENTINI R, et al., 2005. Large daily variation in ^{13}C-enrichment of leaf - respired CO_2 in two Quercus forest canopies[J].New Phytologist,167(2):377-384.

HÖGBERG P,2007.Environmental science:Nitrogen impacts on forest carbon[J].Nature,447:781-782.

HÖGBERG P, NORDGREN A, BUCHMANN N, et al., 2001. Large-scale forest girdling shows that current photosynthesis drives soil respiration [J].Nature,411(6839):789-792.

HÖGBERG P, NORDGREN A, ÅGREN G I, 2002. Carbon allocation between tree root growth and root respiration in boreal pine forest[J].Oecologia,132(4):579-581.

JACKSON R B,CANADELL J,EHLERINGER J R,et al.,1996. A global analysis of root distributions for terrestrial biomes[J]. Oecologia,108(3):389-411.

JACKSON R B, SCHENK H J, JOBBÁGY E, et al., 2000. Belowground consequences of vegetation change and their treatment in models[J].Ecological Applications,10(2):470-483.

JANSSENS I A, DIELEMAN W, LUYSSAERT S, et al., 2010. Reduction of forest soil respiration in response to nitrogen deposition[J].Nature Geoscience,3:315-322.

JANSSENS I A, LANKREIJER H, MATTEUCCI G, et al., 2001.Productivity overshadows temperature in determining soil and ecosystem respiration across European forests [J]. Global Change Biology,7(3):269-278.

JAYASINGHE B A T, PARKINSON D, 2009.Earthworms as the vectors of actinomycetes antagonistic to litter decomposer fungi [J].Applied Soil Ecology,43(1):1-10.

JENKINSON D S, 1977.Studies on the decomposition of plant

material in soil. V. The effects of plant cover and soil type on the loss of carbon from ^{14}C labelled ryegrass decomposing under field conditions[J].Journal of Soil Science,28(3):424-434.

JENKINSON D S,1990.An introduction to the global nitrogen cycle[J].Soil Use and Management,6(2):56-61.

JOHN B,YAMASHITA T,LUDWIG B,et al.,2005.Storage of organic carbon in aggregate and density fractions of silty soils under different types of land use[J]. Geoderma,128(1-2):63-79.

KEELING C D,MOOK W G,TANS P P,1979.Recent trends in the ^{13}C/^{12}C ratio of atmospheric carbon dioxide [J].Nature,277: 121-123.

KIM M, KIM W-S, TRIPATHI B M, et al., 2014. Distinct Bacterial Communities Dominate Tropical and Temperate Zone Leaf Litter[J].Microbial Ecology,67(4):837-848.

KIRK T K,FARRELL R L,1987.Enzymatic "combustion":the microbial degradation of lignin [J]. Annual Reviews in Microbiology,41:465-505.

KNORR M,FREY S D,CURTIS P S,2005.Nitrogen additions and litter decomposition: A meta-analysis[J].Ecology,86(12): 3252-3257.

KUCHARIK C J,FOLEY J A,DELIRE C,et al.,2000.Testing the performance of a dynamic global ecosystem model: Water balance, carbon balance, and vegetation structure [J]. Global Biogeochemical Cycles,14(3):795-825.

KUZYAKOV Y, 2002. Separating microbial respiration of exudates from root respiration in non-sterile soils: a comparison of four methods[J]. Soil Biology and Biochemistry, 34 (11): 1621-1631.

KUZYAKOV Y,EHRENSBERGER H,STAHR K,2001.Carbon partitioning and below-ground translocation by Lolium perenne [J].Soil Biology and Biochemistry,33(1):61-74.

KÖGEL I, 1986. Estimation and decomposition pattern of the lignin component in forest humus layers [J]. Soil Biology and Biochemistry,18(6):589-594.

KÖGEL-KNABNER I, 2002. The macromolecular organic composition of plant and microbial residues as inputs to soil organic matter[J].Soil Biology and Biochemistry,34(2):139-162.

LE QUÉRÉ C,RAUPACH M R,CANADELL J G,et al.,2009. Trends in the sources and sinks of carbon dioxide [J]. Nature Geoscience,2(12):831-836.

LEVY H, MOXIM W J, 1987. Fate of US and Canadian combustion nitrogen emissions [J].Nature,328:414-416.

LISKI J, PERRUCHOUD D, KARJALAINEN T, 2002. Increasing carbon stocks in the forest soils of western Europe[J]. Forest Ecology and Management,169(1/2): 159-175.

LIU L L, GREAVER T L, 2010. A global perspective on belowground carbon dynamics under nitrogen enrichment [J]. Ecology Letters,13:819-828.

LIU X, ZHANG Y, HAN W, et al., 2013. Enhanced nitrogen deposition over China[J].Nature,494(7438):459-462.

LÜ C Q, TIAN H Q, 2007. Spatial and temporal patterns of nitrogen deposition in China: Synthesis of observational data[J]. Journal of Geophysical Research Atmospheres,112:D22S05.

MA Y, FILLEY T R, JOHNSTON C T, et al., 2013. The combined controls of land use legacy and earthworm activity on soil organic matter chemistry and particle association during afforestation[J].Organic Geochemistry,58:56-68.

MACKAY A D,KLADIVKO E J,1985.Earthworms and rate of breakdown of soybean and maize residues in soil[J].Soil Biology and Biochemistry,17(6):851-857.

MACLEAN D A,WEIN R W,1978.Litter production and forest floor nutrient dynamics in pine and hardwood stands of New Brunswick,Canada [J].Holarctic Ecology,1(1): 1-15.

MICKS P, DOWNS M R, MAGILL A H, et al., 2004. Decomposing litter as a sink for ^{15}N-enriched additions to an oak forest and a red pine plantation [J]. Forest Ecology and Management,196(1):71-87.

MIKUTTA R,KLEBER M,TORN M S,et al.,2006.Stabilization of soil organic matter: Association with minerals or chemical recalcitrance[J]? Biogeochemistry,77(1):25-56.

MOFFAT A S,1998.Global nitrogen overload problem grows critical[J].Science,279:988-989.

MOORE T R,TROFYMOW J A,TAYLOR B,et al.,1999.Litter decomposition rates in Canadian forests [J]. Global Change Biology,5(1):75-82.

MUNGER J W,FAN S-M,BAKWIN P S,et al.,1998.Regional budgets for nitrogen oxides from continental sources:Variations of rates for oxidation and deposition with season and distance from source regions[J].Journal of Geophysical Research,103 (D7):8355-8368.

NAKAJIMA N, SUGIMOTO M, TSUBOI S, et al., 2005. An isozyme of earthworm serine proteases acts on hydrolysis of triacylglycerol[J].Bioscience,Biotechnology,and Biochemistry, 69(10):2009-2011.

NATELHOFFER K J,1988.Controls on natural nitrogen-15 and carbon-13 abundances in forest soil organic matter [J]. Soil Science Society of America Journal,52:1633-1640.

NEBERT L D, BLOEM J, LUBBERS I M, et al., 2011. Association of earthworm-denitrifier interactions with increased emission of nitrous oxide from soil mesocosms amended with crop residue [J]. Applied and Environmental Microbiology, 77 (12):4097-4104.

NICOLAI V, 1988. Phenolic and mineral content of leaves influences decomposition in European forest ecosystems [J]. Oecologia,75(4):575-579.

NIELSEN G A, HOLE F D, 1964. Earthworms and the Development of Coprogenous A1 Horizons in Forest Soils of Wisconsin[J]. Soil Science Society of America Journal,28(3): 426-430.

NIEROP K G J, NAAFS D F W, VERSTRATEN J M,2003. Occurrence and distribution of ester-bound lipids in Dutch coastal dune soils along a pH gradient [J]. Organic Geochemistry, 34 (6):719-729.

NIXON S W,1995.Coastal marine eutrophication: A definition, social causes,and future concerns[J].Ophelia,41:199-219.

NOGUÉS S,DAMESIN C,TCHERKEZ G,et al.,2006.^{13}C/^{12}C isotope labelling to study leaf carbon respiration and allocation in twigs of field-grown beech trees[J]. Rapid Communications in Mass Spectrometry,20(2):219-226.

NORDIN A,STRENGBOM J,WITZELL J,et al.,2005.Nitrogen deposition and the biodiversity of boreal forests:implications for the nitrogen critical load[J]. AMBIO:A Journal of the Human

Environment,34(1):20-24.

NOSENGO N,2003.Fertilized to death [J].Nature,425(6961): 894-895.

OLSSON P,LINDER S,GIESLER R,et al.,2005.Fertilization of boreal forest reduces both autotrophic and heterotrophic soil respiration[J].Global Change Biology,11(10):1745-1753.

OREN R,ELLSWORTH D S,JOHNSEN K H,et al.,2001.Soil fertility limits carbon sequestration by forest ecosystems in a CO_2-enriched atmosphere[J].Nature,411:469-472.

OTTO A, SIMPSON M J, 2006. Sources and composition of hydrolysable aliphatic lipids and phenols in soils from western Canada[J].Organic Geochemistry,37(4):385-407.

PARTON W J,SCHIMEL D S,COLE C V,et al.,1987.Analysis of factors controlling soil organic matter levels in Great Plains grasslands [J]. Soil Science Society of America Journal, 51: 1173-1179.

PHILLIPS R P, FAHEY T J, 2005. Patterns of rhizosphere carbon flux in sugar maple (*Acer saccharum*) and yellow birch (*Betula allegheniensis*) saplings[J]. Global Change Biology,11 (6):983-995.

PIERCE J W, 1974. Soil mineral analyses:% composition by mineral classes[M]//CORRELL D L. Environmental Monitoring and Baseline Data. Smithsonian Institution Environmental Sciences Program,Temperate Studies,3:1113-1129.

PLAIN C,GERANT D,MAILLARD P,et al.,2009.Tracing of recently assimilated carbon in respiration at high temporal resolution in the field with a tuneable diode laser absorption spectrometer after in situ $^{13}CO_2$ pulse labelling of 20-year-old beech trees[J].Tree Physiology,29(11):1433-1445.

POST W M, EMANUEL W R, ZINKE P J, et al., 1982. Soil carbon pools and world life zones[J].Nature,298:156-159.

PREGER A C, KÖSTERS R, DU PREEZ C C, et al., 2010. Carbon sequestration in secondary pasture soils:a chronosequence study in the South African Highveld [J]. European Journal of Soil Science,61(4): 551-562.

PREGITZER K S, BURTON A J, ZAK D R, et al., 2008. Simulated chronic nitrogen deposition increases carbon storage in Northern Temperate forests[J].Global Change Biology,14(1): 142-153.

PUGET P, CHENU C, BALESDENT J, 2000. Dynamics of soil organic matter associated with particle-size fractions of water-stable aggregates[J].European Journal of Soil Science,51(4): 595-605.

RAICH J W, POTTER C S, 1995. Global patterns of carbon dioxide emissions from soils[J].Global Biogeochemical Cycles,9 (1):23-36.

RAICH J W, SCHLESINGER W H, 1992. The global carbon dioxide flux in soil respiration and its relationship to vegetation and climate[J].Tellus,44(B):81-99.

RIEDERER M, MATZKE K, ZIEGLER F, et al., 1993. Occurrence,distribution and fate of the lipid plant biopolymers cutin and suberin in temperate forest soils [J]. Organic Geochemistry,20(7):1063-1076.

ROVIRA P, VALLEJO V R, 2000. Examination of thermal and acid hydrolysis procedures in characterization of soil organic matter[J].Communications in Soil Science & Plant Analysis,31

(1-2):81-100.

RUBINO M,DUNGAIT J A J,EVERSHED R P,et al.,2010. Carbon input belowground is the major C flux contributing to leaf litter mass loss: Evidences from a ^{13}C labelled-leaf litter experiment[J].Soil Biology and Biochemistry,42(7):1009-1016.

SAGGAR S, HEDLEY C B, MACKAY A D, 1997. Partitioning and translocation of photosynthetically fixed ^{14}C in grazed hill pastures[J].Biology and Fertility of Soils,25(2):152-158.

SARIYILDIZ T, ANDERSON J M, 2003. Interactions between litter quality,decomposition and soil fertility: a laboratory study [J].Soil Biology and Biochemistry,35(3):391-399.

SAUGIER B, ROY J, MOONEY H A, 2001. Estimations of global terrestrial productivity: converging toward a single number[J].Terrestrial Global Productivity:543-557.

SCHLESINGER W H,ANDREWS J A,2000.Soil respiration and the global carbon cycle[J].Biogeochemistry,48(1):7-20.

SCHLESINGER W H,REYNOLDS J F,CUNNINGHAM G L, et al., 1990. Biological feedbacks in global desertification [J]. Science,247(4946):1043-1048.

SCHMIDT M W, TORN M S, ABIVEN S, et al., 2011. Persistence of soil organic matter as an ecosystem property[J]. Nature,478(7367):49-56.

SCHMIDT S K,NEMERGUT D R,DARCY J L,et al.,2014.Do bacterial and fungal communities assemble differently during primary succession[J]? Molecular Ecology,23(2):254-258.

SIEGENTHALER U, SARMIENTO J L, 1993. Atmospheric carbon dioxide and the ocean [J].Nature,365:119-125.

SIX J, BOSSUYT H, DEGRYZE S, et al., 2004. A history of

research on the link between (micro)aggregates, soil biota, and soil organic matter dynamics[J]. Soil and Tillage Research, 79 (1):7-31.

SIX J, ELLIOTT E T, PAUSTIAN K, et al., 1998. Aggregation and soil organic matter accumulation in cultivated and native grassland soils[J]. Soil Science Society of America Journal, 62 (5):1367-1377.

SOLLINS P, HOMANN P, CALDWELL B A, 1996. Stabilization and destabilization of soil organic matter: mechanisms and controls[J]. Geoderma, 74(1-2):65-105.

SOLLINS P, SWANSTON C, KLEBER M, et al., 2006. Organic C and N stabilization in a forest soil: Evidence from sequential density fractionation[J]. Soil Biology and Biochemistry, 38(11): 3313-3324.

SPAIN A V, 1984. Litterfall and the standing crop of litter in three tropical Australian rainforests[J]. The Journal of Ecology, 72(3):947-961.

SPARKS J P, WALKER J, TURNIPSEED A, et al., 2008. Dry nitrogen deposition estimates over a forest experiencing free air CO_2 enrichment[J]. Global Change Biology, 14(4):768-781.

STADDON P L, OSTLE N, DAWSON L A, et al., 2003. The speed of soil carbon throughput in an upland grassland is increased by liming [J]. Journal of Experimental Botany, 54 (386):1461-1470.

STEVEN B, GALLEGOS-GRAVES L V, YEAGER C, et al., 2014. Common and distinguishing features of the bacterial and fungal communities in biological soil crusts and shrub root zone soils[J]. Soil Biology and Biochemistry, 69:302-312.

SUBKE J A, HAHN V, BATTIPAGLIA G, et al., 2004. Feedback interactions between needle litter decomposition and rhizosphere activity[J]. Oecologia, 139(4):551-559.

SUBKE J A, INGLIMA I, COTRUFO M F, 2006. Trends and methodological impacts in soil CO_2 efflux partitioning: a metaanalytical review[J]. Global Change Biology, 12(6):921-943.

SWIFT M J, HEAL O W, ANDERSON J M, 1979. Decomposition in terrestrial ecosystems [M]. Oakland: University of California Press.

SWINNEN J, VAN VEEN J A, MERCKX R, 1994. [14]C pulse-labelling of field-grown spring wheat: an evaluation of its use in rhizosphere carbon budget estimations [J]. Soil Biology and Biochemistry, 26(2):161-170.

SYLVAIN Z A, WALL D H, CHERWIN K L, et al., 2014. Soil animal responses to moisture availability are largely scale, not ecosystem dependent: insight from a cross-site study[J]. Global Change Biology, 20(8):2631-2643.

SZLAVECZ K, CSUZDI C, 2007. Land use change affects earthworm communities in Eastern Maryland, USA[J]. European Journal of Soil Biology, 43(S1):S79-S85.

SZLAVECZ K, MCCORMICK M, XIA L J, et al., 2011. Ecosystem effects of non-native earthworms in Mid-Atlantic deciduous forests[J]. Biological Invasions, 13(5):1165-1182.

THOMAS D C, ZAK D R, FILLEY T R, 2012. Chronic N deposition does not apparently alter the biochemical composition of forest floor and soil organic matter [J]. Soil Biology & Biochemistry, 54:7-13.

THOMAS R Q, BONAN G B, GOODALE C L, 2013. Insights

into mechanisms governing forest carbon response to nitrogen deposition: a model-data comparison using observed responses to nitrogen addition[J].Biogeosciences Discussions,10:3869-3887.

TISDALL J M, OADES J M, 1982. Organic matter and water-stable aggregates in soils [J].Journal of Soil Science,33(2): 141-163.

VITOUSEK P M, ABER J D, HOWARTH R W, et al.,1997. Human alteration of the global nitrogen cycle: sources and consequences[J].Ecological Applications,7(3):737-750.

VON LÜTZOW M,KÖGEL-KNABNER I,EKSCHMITT K,et al.,2007. SOM fractionation methods: Relevance to functional pools and to stabilization mechanisms [J]. Soil Biology and Biochemistry,39(9):2183-2207.

VOŘÍŠKOVÁ J,BRABCOVÁ V,CAJTHAML T,et al.,2014. Seasonal dynamics of fungal communities in a temperate oak forest soil[J].New Phytologist,201(1): 269-278.

WALDROP M P,ZAK D R,SINSABAUGH R L,2004.Microbial community response to nitrogen deposition in northern forest ecosystems[J].Soil Biology and Biochemistry,36(9):1443-1451.

WANG C, HAN S, ZHOU Y, et al., 2012. Responses of Fine Roots and Soil N Availability to Short-Term Nitrogen Fertilization in a Broad-Leaved Korean Pine Mixed Forest in Northeastern China[J].PLoS One,7(3):e31042.

WHITTINGHILL K A,CURRIE W S,ZAK D R,et al.,2012. Anthropogenic N deposition increases soil C storage by decreasing the extent of litter decay: analysis of field observations with an ecosystem model[J].Ecosystems,15(3): 450-461.

WU Y B,TAN H C,DENG Y C,et al.,2010.Partitioning pattern of carbon flux in a Kobresia grassland on the Qinghai-Tibetan Plateau revealed by field ^{13}C pulse-labeling [J].Global Change Biology,16(8):2322-2333.

XIE Y X,XIONG Z Q,XING G X,et al.,2008.Source of nitrogen in wet deposition to a rice agroecosystem at Tai lake region[J]. Atmospheric Environment,42(21):5182-5192.

YAO H Y,BOWMAN D,RUFTY T,et al,2009.Interactions between N fertilization,grass clipping addition and pH in turf ecosystems:Implications for soilenzyme activities and organic matter decomposition[J].Soil Biology and Biochemistry,41(7): 1425-1432.

ZAK D R,HOLMES W E,BURTON A J,et al.,2008.Simulated atmospheric NO_3^- deposition increases soil organic matter by slowing decomposition [J]. Ecological Applications, 18 (8): 2016-2027.

ZHANG Y-Q,LIU J-B,JIA X,et al.,2013.Soil Organic Carbon Accumulation in Arid and Semiarid Areas after Afforestation:a Meta-Analysis[J].Polish Journal of Environmental Studies,22 (2):611-620.